荒島食驗家 3

檸檬牡蠣炊飯

王宇清　文　　rabbit44　圖

前情提要

蘇蘇、阿海和妲雅帶著生病的凱文，倉皇退守到山洞裡，而它像是設了一道魔法結界將狂暴的風雨穩穩擋在外頭。

風雨過後，凱文的病好了，大家在小島上的生活，也進入新的階段。每個人都用自己的方式探索著這座小島，妲雅挑起主廚的重責大任，持續實驗、鑽研各種食材的煮法，當然她也沒讓大家失望，端上桌的食物越來越可口；阿海依舊著迷於海產的追尋，釣了溪魚，更帶回了蛤蜊；蘇蘇、諾諾這一人一狗小組，在森林裡探險，成了妲雅廚房的最佳補給大隊；凱文則踏出了木工修練的第一步。

似乎擁有神祕力量的洞穴裡，擺放著各樣的陶罐，矗立其中的陶甕竟然裝了珍貴的油。

這座像詩一樣美的島，到底還藏著什麼不為人知的祕密呢？

目次

作者的話

荒島之旅，掰掰

王宇清

各位小朋友大家好：

時間常常似乎走得慢吞吞，回頭一看卻又像一閃而逝。一轉眼，妲雅、蘇蘇、阿海和凱文的荒島之旅，即將畫上句點了呢！

當然，在旅程真正結束前，肯定還有一連串的意外和挑戰正等著他們，不然，就一點都不有趣了嘛！呵呵呵！

在這一集的故事中，同樣也有更多有趣的食材和好吃的料理登場，希望你們會感到驚喜。

另外，我也想在故事中，和小朋友分享「家」的概念。

我覺得，有溫暖食物撫慰人心的地方，就有家的感覺。

而無論是家人，或是招待客人的主人，還是被招待的客人，能夠彼此團聚，共享一餐，就是美好的緣分和幸運。

當我們越長越大，就更會體會，能夠和家人、朋友好好共享一餐的機會，會越來越難得。

無關食材與食器的華貴或樸實，只要是用心烹飪的菜肴，用心款待的誠意，珍惜對方的心意，這就是幸福的家宴，讓彼此緊緊相連。

希望我們都能珍惜備餐者付出的時間和心意，也能珍惜看似理所當然，實則無私滋養我們的各種食材，享受每一口來自大地的無私恩賜。

最後，由衷感謝本書寫作與製作一年多以來，用心照顧作者與本系列的責任編輯鄭倖伃小姐、擔任美食顧問與文字協力的梁雅琪老師、提供生動插畫的rabbit44老師，給予慷慨支持的副總編輯怡璇小姐，共擔編務的儀芬小姐，以及其他對荒島食驗家提供協助與建議的朋友們。

也謝謝各位陪伴我，還有故事中的角色們，一起走過這段奇異荒島之旅的讀者。

願你們如同我一樣，在這趟荒島之旅中收穫滿滿。

也希望讀完第三集的各位，也能感受如同吃到家人用心烹煮的菜肴般，回家的安心溫暖。

雖然旅程暫時告一段落，但未來總是充滿無限可能。也許在某一天，我們會在另一個故事裡再次相會。

我真心期待。

推薦文

感官與生活體悟的雙重享受

汪仁雅―繪本小情歌

實在太喜歡《荒島食驗家》！

每集都著墨不同的感官享受與生活體悟。從流落荒島的害怕擔憂，到熟稔環境的自在，運用可得食材，做起精采的「食驗」。烹煮食物需要科學知識與邏輯、不怕難的韌性和耐心，更需要創新的思維。文字的即視感很強，透過細膩描述食材色澤口味、烹調手法，精采的飲食寫作會讓讀者一邊讀，腦海裡也跟著烹煮，嘗得到酸甜苦辣，光是想起野薑花煮魚、筍香蒸蛋，口水都快沾溼書頁！

第三集將荒島與奇幻的翼人國結合，增添了神祕感與考驗，小主角們學會秉持「不要貪心，反覆練習」，只要保持初心與踏實的行動，再難的問題都能迎刃而解。XXX（等你們讀完整本書就知道了）現身後的溫柔撫慰，除了帶來滿滿感動，真想馬上捲起袖子烹調家的味道，用愛滋養生活！

可不可以不要回家！

顏志豪｜兒童文學作家

這一群誤入荒島的同伴，從陌生到相知相識，過程中學會互相扶持，彼此諒解，共同在荒島上創造出一道道有趣的創意料理，還有精采回憶。我總是會期待，作家這次又要端上怎麼樣特別的「荒島美食」呢？泡麵快用完了，怎麼辦？這次他們又會找到什麼樣的食材呢？因此，滿心期待第三集出版。

全新一集的荒島食驗家，端出來的料理檔次也達到新高峰，竟然有檸檬牡蠣炊飯！我的口水差點失守，不僅如此，劇情也邁入最高潮：什麼！荒島上竟然有ＸＸ！害我一邊要追劇情，一邊又要操心他們今天要吃什麼，真是忙壞我了！

天下沒有不散的宴席，這場驚魂記終於還是要落幕，這群小朋友終於要回家了，說真的有點捨不得，真的很希望他們能多困幾天。感謝宇清帶給我們這場刺激、精采的美食實境秀，期待下次再相見。

妖物現身

一開始，就應該察覺到這個島不尋常。

過往片斷的疑惑逐漸組成完整的面貌：那些被隱埋在草堆與樹林中的小徑、完全沒有人跡、不可思議的山洞、奇異的陶罐、阿海被窺伺的感覺……恍然大悟後的恐懼，澆得凱文渾身冰涼，他懊惱自己的愚鈍，讓大家陷入危機。

如今，這個消滅島上居民，被封印在島上的妖物即將現身！繼那些消失的食物之後，他們恐怕就要成為妖物的盤中飧了。

「哇嗚！」淒厲的哀叫聲響徹小島。

凱文趕緊回頭看看三個孩子，只見三人抱在一起，縮成一團，抖得不像樣。不是他們發出的哀嚎，那，是誰呢？

妖怪！糟糕，會被襲擊，凱文立刻將視線拉回山洞，卻看見一幅匪夷所思的畫面——諾諾不知何時已衝回山洞，此刻正齜牙咧嘴的緊咬著東西不放，但是，嘴裡卻——什麼也沒有！

太邪門了！凱文用力眨眼睛，確認不是自己眼花了……

突然，諾諾前方的空氣中起了動靜，有些模糊的色塊一塊、一塊顯現，接著原本模糊的格狀影像開始出現更多的顏色，也越來越立體，漸漸的、漸漸的拼成了一個人的輪廓……簡直就像是電影特效裡面的「科技迷彩」！

妖……妖怪啊！四人完全被這電影般的畫面石化了。

「噁心的野獸，快放開我！」

一陣哀嚎讓他們回過神來，同時清楚意識到，這是少女的聲音。莫非妖怪擄來了其他的少女嗎？他們趕緊搜尋「受害者」，卻發現諾諾咬住一個少女的褲管，她正氣急敗壞的斥責諾諾。

咦？噁心的野獸竟是——諾諾！

再三確認過沒有妖怪的蹤影後，凱文領著孩子走向洞穴。走近一看，四人立刻又嚇得退了好幾步——那「少女」竟不是一般的少女！

「你……你……你是誰？」對方看起來，和一般的人類不太一樣——尖瘦的臉龐鑲著兩顆銅鈴大眼，眼裡清一色是黑，像兩顆晶亮的黑曜石；眼睛的周圍則勾勒著一圈鮮明的、如月光般的澄黃。不知怎麼的，讓人聯想到「鳥」。當她激動的怒斥諾諾時，背後掀起揮動的是——翅膀？

難道是外星人？天啊，沒想到竟然真的有外星人！太震撼了！阿海的腦子亂成一團。

這一定是夢！一定不是真的！妲雅在心中掙扎吶喊著。

怎麼辦，蘇蘇的腦中一片空白。

就連最年長的凱文，此時也大腦當機，無法理解眼前的狀況。

應該逃跑嗎？四人突然冒出這個念頭，你看我、我看你，卻發現雙腿失去了氣力。

「可以先讓這隻噁心的野獸退下嗎？」那個不知究竟是何方神聖的「少女」看向四人，說話口氣又是惱怒又帶哀求。

他們面面相覷，仍驚嚇得無法思考，也發不出聲音。呆愣一陣後，阿海突然將小眼睛撐大到了極點：「我聽得懂她說的話耶！」

這一句話，不知怎麼的減緩了他們的恐懼，如果語言可以相通，那至少還能溝通吧！

「諾諾，回來，不可以這樣。」妲雅和蘇蘇同聲叫喚。諾諾鬆開了口，退到蘇蘇身旁。

「諾諾乖喔。」蘇蘇蹲下身摟著諾諾，以防諾諾傷害對方。

「你是誰？為什麼要偷我們的食物呢？」凱文試著穩住自己的聲音。對方雖然不是一般人類，但看起來也像個孩子，自己應該不用太過緊張吧？可是，在這荒島上，多提防一些比較安全。

「誰小偷？你們才是小偷！」看見諾諾已離她一段距離，女孩從餐桌旁站起身來，變得趾高氣昂。

這女孩的身高，和妲雅差不多，看起來像是同齡的孩子，但說話的口氣卻像個大人。凱文猜測，她的年紀一定比實際看起來大很多。撇開奇特的長相不談，她的皮膚白皙，氣質高貴，身上穿著剪裁考究的褐色布衣，還帶著五顏六色的奇妙吊飾，稱得上漂亮。

女孩雖然長相奇異，盛氣凌人，但仔細一看，儘管古怪卻不恐怖，很像奇幻電影裡的奇特種族。加上想到光是諾諾就嚇得她花容失色，大家的恐懼頓時減少了大半。

「為什麼我們是小偷？」妲雅覺得氣悶，沒想到這外星人不僅長得奇怪，就連思考的邏輯也很瞎。怕狗，年紀看起來也沒比自己大，偷東西不承認還大呼小叫，沒教養的外星人！

「你你你，人、人、人贓俱獲了還狡辯！為什麼要當小偷，偷我們的食物？」阿海把之前被妲雅誤會偷吃的怨氣一股腦發洩出來，還用了從來沒用過的成語。

「等等、等等！先別生氣……」凱文擔心對方擁有傷害他們的能力，連忙緩頰。

阿海這時也才意識到對方搞不好有可怕的外星武器，隨即又想起自己好像太兇，連忙補充：「歡、歡迎來到地球，外星的朋友……哈囉。」

「你到底在鬼扯什麼？還有，什麼叫你們的食物？你們擅自拿走這裡的作物和魚，有經過任何人的允許嗎？」對方一說，凱文、妲雅、蘇蘇和阿海都怔住了。

「你的意思是，這座島是你的？」蘇蘇怯怯的問。

「不！不是我的，但我是這座島的管理人，島上的一切都是屬於地之靈的。」女孩挺起胸膛，自豪的說。

雖然聽懂對方的語言，但「地之靈」是他們前所未聞的概念，腦筋一時竟轉不過來。

「地之靈是指土地公嗎？」這是阿海的腦袋中唯一能想到的，「外星人也拜土地公嗎？」

「土地公是什麼？地之靈是至高無上的，你這劣等的小偷怎可隨意冒犯！」女孩訓斥的口氣既輕蔑又氣惱。

妲雅最痛恨別人瞧不起自己，至今，她的字典裡更沒有出現過「劣等」這詞，而這外星人竟然還用看臭蟲一樣的眼神看她！

「對不起，請原諒我們的無知，」凱文擋下正要暴衝的妹妹，深怕這來歷不明的外星人對他們不利，「請問你叫什麼名字呢？」

「我叫做加芽美，」女孩說：「你們這幾個不知從何處而來的野人，還不報上名來？」

凱文向自稱加芽美的女孩介紹自己和其他人，不讓妲雅有插話的機會，緊接著說：「我們是從台灣來的，本來要去參加一個野營活動，可是不知為何漂流到這裡。」

「台灣？」加芽美半瞇著銅鈴大眼，滿臉的質疑，「我從沒聽過這個地方。這裡是翼人國。」

「翼人國？」四人都感到詫異，這不是奇幻小說和電玩裡面才有的名稱嗎？是一個外星帝國嗎？

「你們知道這是什麼地方嗎？」加芽美雙手叉在胸前，氣勢凌人的說：「這裡是聖島。島上的一切都是獻給地之靈的，你們擅自闖入，還吃了這裡的作物和魚，簡直不可饒恕。」

「慢、慢著……」聽見對方一連串的指責，凱文連忙解釋，「我們是不小心被困在這裡的，為了活下去，不得不吃東西，絕對沒有任何不良企圖，真是抱歉。」

凱文一邊說，一邊使眼色要幾個孩子一起道歉。

「真的很對不起。」蘇蘇和阿海馬上鞠躬道歉，妲雅怒氣未消，把臉別向一旁，雙手抱胸的模樣簡直像人類版的加芽美。

「我其實已經觀察你們一段時間了，我發現你們沒有魔法，笨手笨腳的，看起來的確沒有什麼可疑的跡象。」加芽美口氣緩和了一些。

「原來是這樣，我就知道！」阿海一副中大獎的神氣，「難怪我一直感覺毛毛的，我的第六感很敏銳的！」

「最好是！」妲雅覺得阿海根本是隨便矇到的。她一想到被人從暗處窺視，還被說笨手笨腳，肚子裡的火燒得更旺了！可是面對眼前這個超乎想像的「奇幻生物」，妲雅理解到哥哥的苦心，她只能按耐住脾氣。

「除了祭典，平時就連翼人族的人都不能擅自來到這裡。」

加芽美說，「一旦違反規定，下場可是十分悽慘的。」

「我們打算一修好船，就立刻離開這裡。」凱文急忙解釋，「或許，你們有人會修理船隻？」凱文抱著一絲希望詢問。

「ㄔㄨㄢˊ？什麼是ㄔㄨㄢˊ？」

「ㄔ——ㄨ——ㄢˊ，可以載人在水上走的那個東西，你不知道嗎？」阿海比手畫腳的解釋。

「竟然連船都不知道？還看不起我們不會魔法。」妲雅說得很小聲，但還是被凱文制止了。

「咦？該不會是指海灘上那個奇怪的鐵屋吧？」加芽美說：

「看起來怪異又缺乏美感……」

「什麼！你這……」妲雅聽了立刻又要發作起來，馬上被哥哥一把拉住。

「看來，我們兩個國度有很大的文化差異呢！」凱文苦笑。

「沒有船，加芽美是怎麼過來的呢？」蘇蘇問。

加芽美一副真拿你們沒辦法的模樣。唰！的一聲展開了身後的翅膀，還用大拇指輕輕的指了指。

「媽呀！」阿海整個人躲到凱文身後。

差點忘了這個奇怪的翼人除了會隱形，背上的翅膀也不是光長著好看的——嗯，的確沒有發明船的必要。

「雖然來自不同的國度，但我們的語言竟然相通……」凱文雖然感到不可思議，卻在一來一往的對話中，漸漸理出了一些方向，至少，她不是會吃人的恐怖妖怪，真是不幸中的大幸。「我們是人類，你聽過嗎？」

世界無奇不有，地球上還有很多未解之謎，說不定他們還在地球的某個角落，只是對方不清楚自己國度以外的世界，就像發現新大陸前的歐洲各國，凱文推測。

加芽美又是一臉疑惑，搖搖頭：「人類是什麼？你們這模樣、不會魔法的低等物種，叫做人類？」

這一切實在太不可思議了！就連妲雅都忘了對「低等」這個說法生氣。

凱文一邊苦笑，一邊無奈的點點頭，「你應該也沒聽說過地球和太平洋吧？」

加芽美歪著頭，漆黑的眼眸帶著困惑，就像一隻純真無害的鳥兒。

心中隱隱不安的預感，竟然成真，凱文啞然失笑。

「天啊！這到底怎麼回事？」阿海抱頭哀號，狀況已經超乎他小腦袋的負荷啦！

「會不會是平行宇宙？」蘇蘇想起自己看過的電影。

「什麼是平行宇宙？」加芽美顯然聽不懂。

「我也不知道什麼是平行宇宙。」阿海也傻呼呼跟著回答。

「簡單來說，就是宇宙中同時存在兩個，或者兩個以上不同的世界，這些不同世界裡都擁有一樣的人、事、物，卻又不完全相同。例如，同樣有阿海這個人，但不同世界的阿海個性也不一樣。」妲雅完全不想被歸類為低等物種，「所以我們和加芽美的語言相通，這裡的動植物也是我們熟悉的，但又有許多不同。」

「哈哈，這太荒謬了！」加芽美大笑起來。「這是你們想要脫罪的藉口吧！這裡是哈瓦哈沙大陸，翼人族的國度。」

「這個島上的植物、生物，的確是地球的沒錯啊！」蘇蘇對植物很有信心。

談到這裡，很多事情，頓時豁然開朗。他們竟像電影情節一樣，來到了一個異世界。儘管電影裡大多數主角總能回到原來的世界，但，這可不是電影，是真實的生活啊！從各種角度來思考，都很不妙。完蛋了……四人因為理解而陷入絕望的深淵。

時間在靜默中流逝，加芽美看著四人垂頭喪氣、不發一語的，突然偈促不安起來，「嗯……雖然我不確定你們為何而來……」加芽美有點不知所措，「但我看你們似乎沒有什麼危險性……嗯除了那隻猛獸……」

「汪汪！」諾諾朝著加芽美吠叫，嚇得她展開翅膀，飛到半空中。過了半晌，加芽美發現諾諾並沒有其他意圖，察覺到自己的失態，只得裝出若無其事的模樣，降落到地面，收攏翅膀。一向大驚小怪的阿海，此刻竟對加芽美的舉動毫無反應，其他三人也只是抬頭看了加芽美一眼，便又回到各自的哀傷中。這可不是加芽美習慣的氣氛，沉默悲傷的氛圍讓她慌了陣腳，這些可憐兮兮的低等「人類」，真是麻煩、莫名其妙！

「還好，你們遇上了我這個聖島管理員，我就先不跟女王稟報，待我想一想該怎麼處置你們，你們就靜候通知吧！」加芽美說完，便振翅乘風而去了。

「汪汪汪！」諾諾像是說再見，又像是示威，朝著加芽美離去的方向吠個不停，直到加芽美消失不見，才回到蘇蘇和妲雅身邊，挨著她們坐了下來，接著無精打采的趴下。

這天，一直到入睡之前，四人都安安靜靜的待著，像四縷憂傷的幽靈。

最後的泡麵

隔天，小島依舊迎來了燦爛的陽光，小鳥啾啾，空氣中充滿植物與海洋清爽的氣息。

陽光造訪洞穴，撓醒了凱文。

凱文精神困頓。昨晚他徹夜難眠，直到天快亮才睡著。他回想起昨天發生的一切，在這麼美好的晨光之下，好像只是做了一場噩夢。

三個孩子一定十分害怕，大概也無法睡個好覺吧。

正苦惱著怎麼安慰他們，凱文這才赫然發現，三個孩子的睡袋半個人影也沒有。

「人呢？」凱文心一驚，慌忙起身，不會又出了什麼狀況吧！一到洞口，卻發現妲雅、蘇蘇、阿海和諾諾正從小徑的那一頭走來，蘇蘇抱著一把野薑花，妲雅則握著一大束生意盎然的綠色植物。

「凱文哥，你起床啦！」阿海充滿朝氣的聲音讓凱文覺得不可思議。

「哥，你看！這是『飛機菜』，很有趣的名字吧！蘇蘇說這種菜很好吃喔！」不只阿海，妲雅開心的向哥哥展示手上的植物，臉上的喜悅和植物一樣蓬勃。

「妲雅、阿海、蘇蘇……你們都還好嗎？」以凱文對妹妹的理解，覺得這反應太不正常了，同時也開始懷疑：昨天那些像電影一樣離奇的事件，莫非只是一場夢？還是這三個孩子受到太大的打擊，變得不正常了。

只見三個孩子看了看彼此。

「凱文哥，別擔心。」蘇蘇說。

「對啊，凱文哥，我們沒事。」阿海故意耍帥，比了一個代表沒問題的「讚」。

「可是昨天……」凱文仍舊不敢相信。

「我們三個原本也擔心害怕得睡不著，於是一起向土地公、還有所有神明祈求保佑我們平安，也向這裡的地之靈道歉，說我們是好孩子，不是故意闖到這島上，請祂保佑我們，平安回家。」阿海緊握胸口的護身符。

「當我們祈禱完，發現天快亮了，就一起到海邊去。結果，看見了超美的日出，比我以前見過的還美，令人驚嘆。」妲雅瞪大的眼睛裡，閃爍著喜悅的光彩，「我覺得，好像是神明在回應我們，要我們不用擔心。」

「我也這麼覺得。然後又發現了飛機菜，這是好預兆。」蘇蘇的眼神堅定。

「哥，我們真的沒事，對不起一直讓你擔心。」妲雅盯著哥哥擔憂的眼睛

她頓了頓，眼神看向阿海和蘇蘇，又繼續說：「我們三個覺得，大家一定是被保佑的，至少我們不是被遺棄在環境惡劣的沙漠，或者冰天雪地裡，也從來不缺食物。雖然這一切都很不可思議，可是這座島嶼從來沒有讓我們挨餓受凍，那個翼人是長得很

奇怪，但，也許就是這個島上的原住民吧？更何況，她也沒有對我們做出什麼可怕的舉動呀。」

「嗯，我也覺得很幸運。」蘇蘇說。

「嘿嘿。不幸中有大幸，神明有保佑。」阿海也露出傻氣的微笑看著凱文。

妲雅是什麼時候開始變得如此懂事的呢？凱文不知道，但他為這樣的妹妹感到驕傲，嗚，怎麼辦，他好想哭喔！

本來還擔心這三個孩子，現在卻反過來被他們激勵了。凱文看著他們，心裡好慚愧，還自詡為他們的保護者呢！太小看這些孩子了，他們對奇異事物的接受能力，遠超過身為大人的自己。

「沒錯，既然我們能到這裡來，就一定有回去的通道，如果我們放棄了，那就真的回不去了！」受到孩子們的鼓舞，凱文精神為之一振。

「肚子好餓，Chef，今天早上吃什麼好料？」阿海從昨天開始就沒吃什麼東西，現在突然覺得餓到胃穿孔了。

對，吃飯！

心情沮喪的時候，吃就對了！

吃一頓好吃的飯，什麼困難都過得去了！

而且，今天還收穫了小島贈與的飛機菜呢！四人回到各自的軌道上，勤快的運轉起來。

妲雅跟著蘇蘇處理「飛機菜」，這些飛機菜長得很豐腴，有著暗紫紅色的葉柄，橢圓的葉形和尖尖的前端很像眼睛，幾乎有她們的手掌大，而葉緣不規則的粗鋸齒顯得很有個性；葉面上有許多細細的毛，摸上去讓妲雅想起了爸爸刮完鬍子的下巴，然而葉子本身卻十分柔軟，聞起來有一種植物特有的清香。

妲雅摘下一片片的葉子後，就要隨手把又長又粗的莖丟棄，

「不可以丟，那是最好吃的部分！」蘇蘇連忙阻止妲雅，拾起大莖以刀子撕去外皮，留下柔嫩多汁的清脆綠芯，再摘成容易入口的長度。

「你怎麼知道這麼多野菜的知識？」妲雅不禁好奇。

「我從小跟阿公阿媽住在鄉下，跟著他們在田野裡忙進忙出，不知不覺就學會了。」蘇蘇淡淡的說。

「好好喔，你住在鄉下，一定很好玩，不像我住的鎮上都是

房子和車子，釣個魚還得特地開車出門。」阿海不知何時前來亂入，他其實是餓壞了，想來關心進度。「要吃什麼？烤地瓜好像有點久，人家好餓，Chef。」

妲雅白了阿海一眼，看見他小眼睛裡的期待，又好氣又好笑；不過，阿海說的也是事實，經過了昨天的折磨，大家一定都餓壞了。

處理完蔬菜，妲雅走進洞裡，打開儲存食物的行李箱，沉思了許久。接著她決定拿起僅剩的幾包泡麵，走到烹飪區。我們會回去的！到時候，就有吃不完的泡麵了。她在心中發誓。

噗嚕噗嚕的水在鍋裡滾著，先放入調味包和蛤蜊蓋上鍋蓋煮一會兒，隨後加入麵條及大把洗淨的飛機菜；待蛤蜊開了口，飛機菜變成了濃烈的綠色，便可以起鍋了！

妲雅悉心在每個人的餐碗裡擺放麵條、蛤蜊和飛機菜，再倒入熱騰騰的湯，稍稍淹過麵條，最後，放入一枚煎得恰到好處的太陽蛋，完成。

「吃飯了，這碗麵看起來好高級，真香！Chef好厲害！」阿海馬上獻上最浮誇的讚美。

大夥兒迫不及待在餐桌前坐定，唏哩呼嚕吃起來。飛機菜同時具備了葉菜類的鮮脆和柔軟，咀嚼時散發一股獨有的香氣⋯⋯

「味道好像茼蒿，好吃！」阿海這麼一喊，大家連連點頭稱是。

妲雅覺得飛機菜就像一種香料，不但沒有搶走泡麵的風采，反而更添整體的風味，是泡麵的絕配！

正當大家吃得歡暢，不速之客卻從天而降。

加芽美才落地，便直盯著桌上的食物不放，眼看臉都要沾到餐碗上了。

「這是什麼？」加芽美看上去連口水都要流出來了。

「這是泡麵，加了蛤蜊和飛機菜，太陽蛋被我吃掉了。」阿海抹抹嘴巴說。

「泡麵？那是什麼？飛機菜又是什麼？」加芽美第一次聽到這些東西。

「你要吃吃看嗎？」大家都看出來加芽美直吞口水。昨天第一次見面時，還覺得加芽美長得很詭異，今天看見她嘴饞又好奇的模樣，竟有幾分逗趣可愛。

「不……不用了，而且……」咕嚕咕嚕……

此時，加芽美的肚子發出巨大聲響，像是有兩隻河馬在肚子裡面相撲。翼人族肚子餓的聲音都這麼大聲嗎？太驚人了。

加芽美白皙的面容，瞬間變成了紅色。

「既然來了，就跟我們一起吃吧！鍋子裡還有一些，希望你不嫌棄。」凱文貼心的為加芽美化解尷尬。

「這……」加芽美瞄了一眼食物，理智仍在和飢餓拔河。「好像不太合適。這是偷來的食物。」

「畢竟已經煮了，不、不吃也、也浪費。」蘇蘇有些猶豫的說著，聲音越說越低，「……不好意思，我們又沒經過你的同意摘了島上的植物。」

「雖然這是我們擅自取用島上的食材作出來的東西，但，」

凱文說，「……至少好好享用地之靈賜予我們的食物吧！」

妲雅不發一語，站起身來將鍋裡剩下的麵盛過來後，又坐下吃自己的食物。

「好吧！」加芽美一副莫可奈何的口吻，「你們擅自取用那麼多食材，我怎麼能浪費食物呢？這的確對地之靈大不敬。」

「妲雅煮的東西很好吃！」阿海知道加芽美擁有處置他們的權力，特別殷勤賣力，想討加芽美歡心。

「真的……很好吃。」蘇蘇也附議。她注意到妲雅從剛剛就開始不說話，試著想讓妲雅開心一些。

「那我們繼續用餐吧！」凱文殷切的邀請加芽美坐下。

加芽美高傲的坐下，端起碗，啜了一口湯，猛然睜大自己的眼睛，不可思議的看著碗裡的食物；下一刻，她近乎瘋狂的吃著眼前的食物，嚼！嚼！嚼！吞！吞！吞！

糟糕，失態了！加芽美自己最清楚這一點，但她卻完全無法克制自己。

一旁的每個人都看得瞠目結舌。

「怎麼樣？很好吃吧！」等加芽美端起碗，喝下最後一口湯，阿海忍不住問。

「還好。」加芽美臉上意猶未盡的神情和她的回答相違背。

「咦……真的是這樣嗎？」阿海有點納悶，明明吃得狼吞虎嚥，怎麼可能只有「還好」？

「人類的食物，也不過如此。」加芽美不改高傲態度的說。

「那你們的食物一定非常厲害。」妲雅有點惱火，「有機會真想嘗嘗看。」

「不行！」加芽美不知為何緊繃起來，黑眼睛裡充滿了戒備。

「沒事沒事！」凱文深怕觸怒了加芽美，惹上更多麻煩，「我妹只是隨口說說，請你不用當真。」

凱文的善意似乎軟化了加芽美的防備，發出一聲微乎其微的嘆氣，用一種複雜的眼神看著四人，「你們雖然不會魔法，但會烹飪對嗎？」

「如果有更多材料和好用的工具，妲雅就能做出更好吃的料理。」蘇蘇說。

「沒錯，因為這裡很不方便，所以我們也只是有什麼煮什麼而已，這些料理對妲雅來說，其實不算什麼啦！」阿海一邊說，一邊看向妲雅。

「所言不假？」加芽美像是刻意壓抑激動，故作冷靜似的說。

「嗯，如果有更多食材，一定可以做出比現在好吃十倍的料理。」

「這些話發自阿海真心。」「妲雅，對不對。」

妲雅臉上沒有出現平時得到讚美時的神采，只是冷冷一笑。

「你！主要是你在負責料理嗎？」加芽美瞬間擠到妲雅身旁，用兩隻銅鈴大眼睛盯著妲雅，「你真的能做出比這個好吃十倍的東西嗎？」

加芽美的舉動讓妲雅感覺自己像是一隻被老鷹盯上的獵物，渾身不自在，但她仍試著用毫無起伏的聲音答道：「嗯。」

「怎麼了，」凱文問，「有什麼不對嗎？」

加芽美沒理會凱文，倏地站起身來，在洞裡走來走去，嘴裡還喃喃自語著「搞不好行得通」、「行嗎」、「機會」、「試一試」、「唉」、「可惡」之類的奇怪話語，讓四人看得一頭霧水。

加芽美似乎終於下定了決心，當她再度走回餐桌旁，已經又是滿血復活的模樣，「你們這樣的異邦人私闖聖島，擅自食用這裡的食材，還把儲存食材和器具的洞穴拿來做為己用！依照我們的法律，恐怕性命不保。」

「什麼！性命不保？」這一席話讓四人嚇得臉色慘白，加芽美露出得意的冷笑。

加芽美停頓了一下，才又接著說：「你們擅闖聖島，擅自取用食材的事，我決定睜一隻眼、閉一隻眼。但你們得自己爭取被女王寬恕的機會。」

「請、請你告訴我們該、該怎麼彌補……」凱文試著壓抑聲音裡的恐懼。

加芽美走到凱文身旁，語氣變得柔和，「女王十分寬厚，只要好好表現，不僅有機會讓你們免去擅闖聖域的罪，甚至還可能送你們回家。」

「真的嗎？」聽見女王很寬厚，凱文喜出望外。經過一連串的打擊，此刻他們真的很需要一些好消息。「請你告訴我們該怎麼做！」

「料理。」

「料理？」

「我給你們兩個月的時間，準備一桌料理，」加芽美說，「那是一個祭……嗯……重要的宴會需要的，所以必須很美味！如果能夠讓我們的女王滿意，說不定她就會原諒你們，甚至幫忙找到回家的方法。」

「可是……」高興歸高興，凱文還是有些疑惑，「這麼重要的場合，翼人族應當已經有適合的菜色了。我們不過是在這裡用最簡陋的方式做一些食物維生，真的能夠勝任嗎？」

「……」加芽美臉一陣青一陣白，「我們當然有出色的料理。但你們什麼都不會，就只會作飯，難不成要你們獻上黃金、寶石？還是要把戲嗎？」加芽美停頓了一下，平復了情緒才又繼續說：

「根據我這陣子以來的考察，你們的食物雖然看起來粗糙，但味道還可以，要不要接受就看你們了。」

「所以，你偷吃……抱歉，是偷偷品嘗我們的食物，是為了考察能力嗎？」阿海簡單的腦袋裡覺得好像有哪裡怪怪的。

「當然要確認啊！那可是重要的……宴會。」加芽美似乎有點惱羞成怒。

「謝謝你，我們願意。」凱文好怕加芽美後悔，取消約定，那他們回家的希望就更渺茫了。「加芽美，你真是好人。」

加芽美聽了，臉上流露出複雜的表情，低聲喃喃說：「先做得到再說吧。」

「就一餐飯，有什麼了不起，我一定讓你甘拜下風，等著見識見識我們人類的美食吧！」妲雅暗罵。老是被人瞧不起，她真是氣瘋了，現在只想給對方好看。

「那……我們可以繼續採集島上的食物來準備料理嗎？」蘇蘇趕緊確認這件事。

「好吧！」

「對呀！人家都說巧婦難為無米之炊……咦那什麼啊？」阿海的詞彙使用量已經到達極限了。

「巧婦難為無米之炊。」妲雅真的搞不清楚阿海是神救援還是豬隊友。

「對對對！我們Chef不僅會煮菜還很博學！」阿海看著妲雅的眼神閃爍著星星，「這個島上沒有米和肉，加芽美可以提供嗎？」阿海終於發揮平時幫忙做生意的功力了。

「不……不行！」加芽美聽了臉色一變，冷酷卻又吞吞吐吐的拒絕，讓阿海很受傷。就只是一些食物而已，有那麼嚴重嗎？看加芽美的衣著打扮，不像是窮困的貧民。

「你們明明養了兩隻雞，想吃肉，不如就先殺來吃？」

「不行！」阿海一聽到要殺雞，驚慌得大叫起來，「露露和娜娜是家人，不能吃！」

「你們真奇怪，明明那麼想吃肉，卻還護著僅有的兩隻雞？」加芽美語帶輕蔑。「今天先談到這裡，請記住我們的約定，好好完成你們的任務。」說完這些話，加芽美似乎卸下了重擔，鼓動翅膀飛離了小島。

「妲雅，我們真的可以做到嗎？」凱文很擔心妹妹。

「當然，」妲雅咬著牙，眼中盡是熊熊火焰，「一定給他們好看。」

隔天，加芽美一早就來了。

當她看見大家正在準備早餐時，眼中迸射出欣喜，還用力吞了一口口水。

「汪！汪！」諾諾對加芽美仍有一絲戒備。

「諾諾，乖喔！」

加芽美手上提著兩個不知道裝著什麼的布袋，飄浮在半空，等諾諾乖乖退到蘇蘇身旁，才降落到地面。

「看看這些東西合不合用。」她把其中一袋遞給凱文。

昨天離開時表現得有些冷漠無情的加芽美，今天竟帶了東西給他們。

「哇！這是衣服嗎？」好奇湊上來看的阿海，一看就忍不住驚呼。

加芽美淡淡的點了頭。

「加芽美，謝謝你！」阿海深情款款的望著加芽美，讓加芽美連退了好幾步。

「阿海，你嚇到加芽美了。」蘇蘇說。

「我、我只是真的很感動嘛！」阿海委屈的說。「我還以為她……」

「我怎麼樣？放肆！」加芽美的大眼睛一瞪，讓阿海馬上把「很小氣」三個字打包吞回去。

過了這麼長一段時間，衣物早就髒汙破舊。有新的衣服可穿，簡直喜出望外。

凱文、蘇蘇和阿海全都放下手邊的工作，連忙換上新衣物。翼人族的衣物剪裁俐落，質樸卻具有簡約的美感，特別是穿在身上合身又舒適的觸感，讓大家一穿上就捨不得脫下來。

「妲雅，這衣服漂亮又舒服，你一定會喜歡的，趕快來試穿看看！」凱文知道妹妹一向愛漂亮，見她仍在爐灶旁邊煮東西，應該是不想示弱。

「我的衣服還夠穿！」妲雅依舊專注的烹煮食物。

「也對，她可是帶了一個行李箱的衣服來露營呢！」阿海喜孜孜摸著自己的新衣服，變得帥氣的自我感覺良好，讓阿海完全忽略了妲雅投向他的殺手眼神。

「你們有沒有開始為祭……宴會做準備了？」加芽美不知何時已經坐到餐桌前面，眼睛盯著爐灶上的東西吞口水。

「還沒，我們打算一邊吃早餐一邊討論。」凱文連忙解釋，「既然你來了，就一起吃早餐吧！」他強烈感受到加芽美很想吃東西的渴望。

「當……當然，我必須確認你們有沒有取用不該拿的東西。」加芽美說這些話時眼睛完全不敢直視他們。

蘇蘇默默的多準備了一份餐盤和餐具，協助妲雅配餐，再一一為大家送上餐點。

妲雅選了離加芽美最遠的位置坐下後，其他人跟著入座，準備用餐。今天的早餐是烤地瓜、煎溪魚和飛機菜蛤蜊湯，這對四人來說已經是很尋常的一餐了；就在他們正要開動時，加芽美早已狼吞虎嚥的吃了起來，她沒等嘴裡的食物吞下，又馬上塞入更多的食物，原本尖瘦的臉頰，現在被食物撐得圓鼓鼓的。一旁的四個人都看傻了，到底，誰才是野蠻人？

加芽美吃光了他們原本預留在中午吃的烤地瓜後，終於吃飽了。她若無其事放下餐具，擦擦嘴巴，說了句「還可以」，完全不打算理會眾人詫異的眼光。

妲雅突然噗嗤一聲笑了出來，接著，一直笑到眼淚都流出來了還停不下來。

「有什麼好笑？我只是怕浪費，而且這些東西根本不夠資格上桌！」加芽美覺得妲雅很失禮，氣得冒煙。

妲雅也不甘示弱，慢慢止住了笑，一派輕鬆的跟加芽美說：

「感謝你願意賞光，把這些普普通通的食物全都吃光。」

雖然妲雅語氣輕柔，面帶微笑，阿海卻感覺到了一股火藥味，令他寒毛直豎。他應該搞笑一下緩和氣氛嗎？但他好怕自己第一個被消滅。

凱文看著妲雅，流露出擔心的神色。

「真抱歉……」凱文有些難以啟齒，「最擅長烹飪的是妲雅，她可能壓力太大了才會這樣，請問能……給她一些甜點嗎？」

「甜點？」

「是這樣的，因為以前她不開心的時候，只要吃一些甜點就會立刻好起來，我知道這個請求有點過分……」

「不、不是這個，」加芽美問，「什麼是甜點？水果嗎？還是蜂蜜？」

「水果和蜂蜜是甜的沒錯，但……你們沒有甜點嗎？」凱文的驚訝完全表現在臉上。「就是加了糖的食物，常常用麵粉和奶油製作。」

「糖？麵粉？奶油？那又是什麼？」加芽美一臉疑惑，把一邊的眉毛吊得高高的。

「什麼！你們沒有糖和麵粉嗎？」阿海大吃一驚，「那你們平時到底都吃些什麼？」

「無禮！」加芽美怒斥，「你這小野人懂什麼！」

「嗚……對不起……」一被兇，阿海瞬間萎縮成一坨鹹菜乾。

「我會再來。」加芽美說，「已經沒有時間浪費了，你們最好趕快準備。」

臨「飛」之前，加芽美把另一個一直帶在身上的袋子丟給他們，就怒氣沖沖的離開了。

阿海接住了那一袋東西，雖然不大，卻沉甸甸的。

大家好奇的打開，完全不敢相信自己所看到的。

阿海將手伸進袋子裡，拿出一顆小東西，放到眼睛前方確認，

「是米，是米沒錯！」

加芽美竟然聽進了阿海的請求，為他們帶來白米！

「我們有白飯可以吃了！」單細胞的阿海立刻熱血沸騰。

「嗯。」蘇蘇眼鏡後的眼睛，亮起欣喜的光芒。

凱文咧嘴傻笑，他最近做夢都會夢見自己狂嗑白飯！

汪汪！諾諾也感受到了大家的喜悅，在四人腳邊鑽來鑽去。

妲雅掬起一捧白米，定定的看了好久。以前，妲雅最討厭吃白飯了，她喜歡吃麵，更愛西餐，白飯大概可以算得上她最不喜歡的食物之一；奇怪的是，現在，妲雅的腦子卻不斷冒出「好想吃好想吃……」的聲音。

今天，最重要的工作，就是煮出一鍋大家夢寐以求的白飯。

「誰煮過飯？」妲雅問。

「我。但我只會用電鍋煮飯。」蘇蘇有些歉然的說。

「我也是，電鍋那麼方便，誰會用陶鍋煮飯！」阿海突然覺得電鍋是最偉大的發明。

不用說，凱文和妲雅當然沒煮過飯，恐怕連電鍋都沒按過。

經過一番討論，儘管超想大碗吃飯，但他們決定從少量做起，以免失敗，浪費了得來不易的白米。

蘇蘇量取了一個杯子的米，倒進鍋裡，接著走到竹子水管的旁邊準備洗米。妲雅看了十分驚奇，她從不知道米需要洗，但這份無知只敢偷偷放在心裡。洗好了米，蘇蘇又在鍋子裡盛了水，將米浸泡在裡頭。

「為什麼不趕快煮呢？」妲雅忍不住發問。「不會泡爛嗎？」

「我阿媽說泡過的米煮起來更Q更好吃。」蘇蘇微笑。

大約過了半個小時，蘇蘇倒掉剛剛浸泡米的水，將米和等量的水放進煮飯的陶鍋裡，放上爐灶。「接著，我們就得自己實驗了！阿媽說過水量和火候控制最重要。」

四個人就這樣聚精會神的守在火爐旁邊，因為不知道鍋內的狀況，不時掀開鍋蓋探看。

「滾了！」白米在滾水中輕輕湧動。但是，究竟要滾多久呢？

他們又慌張的蓋上鍋蓋，以免熱氣過度流失。火力呢？燒得正旺的火焰讓陶鍋不斷升騰出白煙，也傳出了米飯的香味。

「聞到飯香了！好了嗎？……啊，好燙！」阿海急著想掀開鍋蓋確認，一不小心被燙得哇哇叫。

等他們帶阿海沖完冷水再度回到爐邊，已經聞到了一股熟悉的燒焦味。

「糟糕，快點移開鍋子！」大家手忙腳亂找來之前換下的髒衣服當隔熱布，將陶鍋抬到桌上，掀開鍋蓋一看，底部的米飯已經焦黑，變成了鍋巴。

中午，每人分到了兩口白飯。他們努力刮淨上層沒有焦掉的部分，儘管隱隱帶著焦香味，但晶瑩的白米飯還是讓他們好感動。

阿海小心翼翼挖起一半的飯放入口中，幾乎是用慢動作咀嚼口中的飯，一邊閉上眼睛搖頭晃腦。

「真的是白飯！」米飯的香甜在口中擴散，讓人捨不得馬上吞下，每個人都花了好久的時間，一小口一小口把白飯吃掉，甚至無暇去吃鹹香的烤魚。

下午，四人檢討了失敗的原因，重新擬定策略，再次挑戰煮白飯。結果，因為怕燒焦，水放得太多，成了「類稀飯」。但是，總比燒焦好多了！每人成功吃到了半碗飯。

想要吃到美味白米飯的堅定意志讓四人不斷「食驗」，不知不覺就用掉了一半的白米，卻也從第三天開始，掌握到水量和火候的關鍵，成功用陶鍋煮出香甜彈牙的好吃白飯了。

這天一早，凱文和蘇蘇去採野菜和挖竹筍，為了煮飯已有兩三天沒有去摸蛤蜊的阿海再度前往海邊；不一會兒他匆匆忙忙跑回來，借走一把刀子後，又急急忙忙離開。正在寫筆記的妲雅看著阿海離去的背影，「這個土包子又在搞什麼鬼？」

一直到凱文和蘇蘇都回來好一陣子後，仍不見阿海的蹤影，大夥兒這才開始緊張起來；會不會掉到海裡？被海浪捲走了嗎？或者，被其他的翼人發現了！

「我去海邊看看吧！」凱文一直把阿海當成弟弟，心裡著實不安。他準備走出洞穴，就看見阿海的身影出現在小徑上，隨即他的大嗓門也到了。

「大驚喜，今天可以加菜了！」阿海的表情像是在海邊遇見了人魚公主。

來到洞口，阿海一放下桶子，急著向大家獻寶。其他三人湊近桶子往裡瞧，發現桶裡除了蛤蜊，還有一種像礁岩的東西。眼尖的妲雅看了一會兒，突然大叫：「這是牡蠣！」真是意想不到的食材。

「對呀，我去的時候剛好退潮，就在露出的礁岩上發現了蚵仔，超幸運的！」阿海得意洋洋，「我果然是海洋之子！」大家因為獲得了新食材而感到開心，除了可以大飽口福，宴會的菜色也更豐富了。洞穴廚房裡，四人又愉快的忙碌起來。

應阿海的要求，妲雅煮了海鮮鹹粥。厚厚的魚肉片用鹽醃起來，香煎後剁碎；魚骨拿來熬湯，加入切絲的野薑花莖、竹筍和蛤蜊去腥並增加風味；另取蛤蜊和鮮蚵在熱湯中汆燙，熟後盛盤備用。接著，在每個人的碗中盛入白飯，放入燙好的鮮蚵、蛤蜊，剁碎的煎魚，撒上蘇蘇找到的野蔥蔥花，最後淋上魚骨筍子高湯，就大功告成了！

大家坐定吃飯，新鮮美好的海鮮粥香味撲鼻，惹得人食指大動，白飯吸附了飽含山海氣息的湯頭，交融著煎魚、野薑的馥郁香氣，再匯入蛤蜊與蚵仔的鮮美，讓人欲罷不能。

妲雅還用心準備了一盤配菜，薑絲過貓炒鳳梨，爽脆酸甜，十分適合佐鹹粥。

RECIPE 8

野蔥海鮮粥

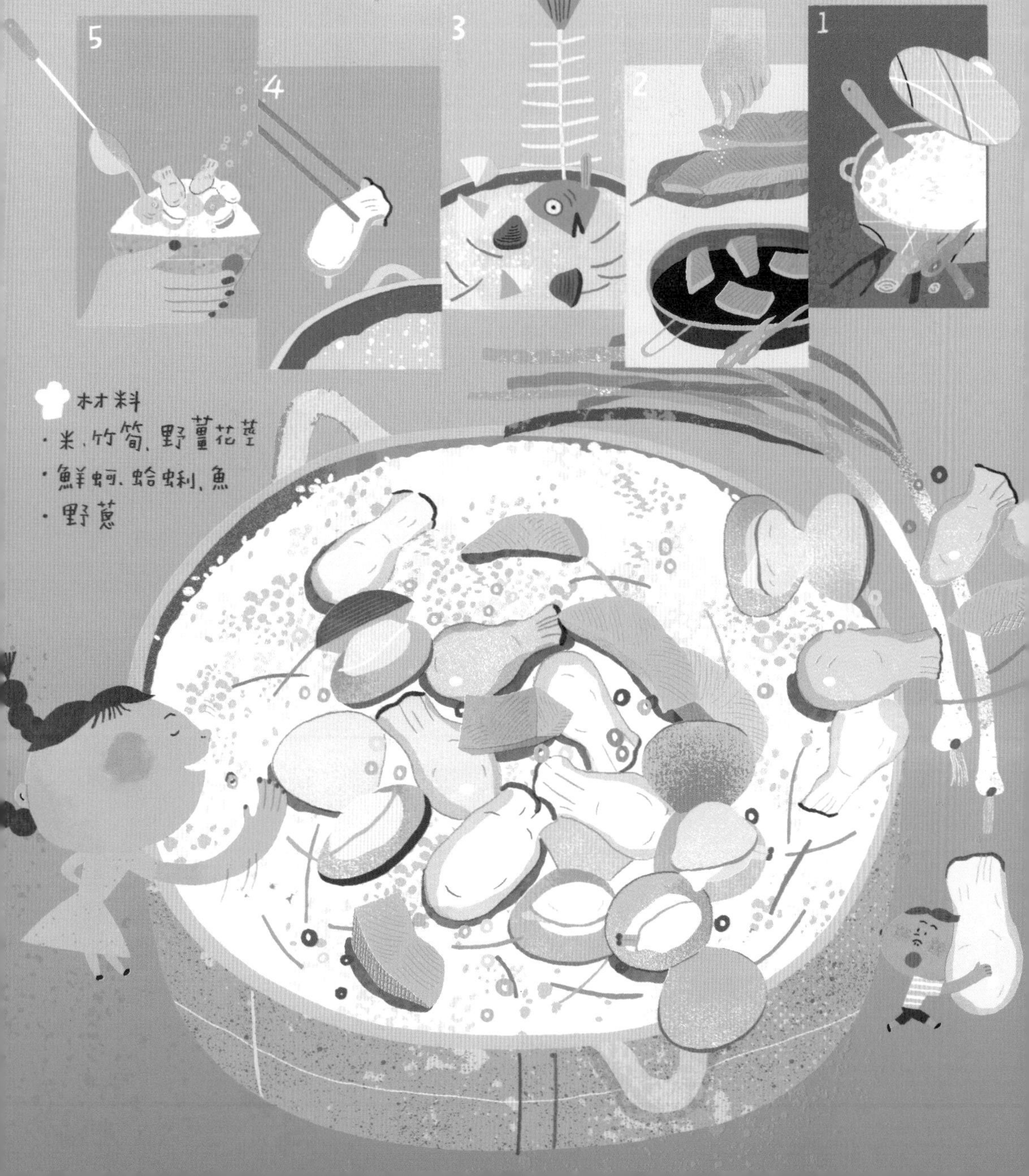

材料

- 米、竹筍、野薑花莖
- 鮮蚵、蛤蜊、魚
- 野蔥

「加芽美這幾天怎麼都沒出現？」阿海哪壺不開提哪壺，讓大家頓時停下用餐的動作。

「是不是上次我們惹她不開心了？」蘇蘇想了一下說。

「其實，我覺得她並不壞。只是嘴巴刻薄，還為我們帶來了衣服和白米。」凱文邊說邊看向妲雅。

「而且，我發現每次加芽美來，好像都餓壞了，是不是……」蘇蘇都還沒說完，阿海就開始腦補：「對耶，搞不好她其實是奴隸，常常沒飯吃！」

「最好是，哪有奴隸那麼囂張的。」妲雅實在聽不下去了。

四人嘰嘰喳喳討論個不停，渾然不覺危機已然降臨。

「汪汪汪！」諾諾警示的叫聲響起，大家都嚇了一跳。

「你們在背後說我什麼？」加芽美的聲音裡帶著怒意。幾天不見，她似乎憔悴許多。

「沒……沒什麼！加芽美大人，我們只是擔心你怎麼好幾天都沒有出現。」阿海馬上見風轉舵，露出討好的笑容。

「是呀，我們只是在討論你去哪裡了，想說我們今天發現了好食材，希望你也嘗一嘗。」凱文想起剛剛蘇蘇說的發現，不動聲色的想確認一下。

果真，當加芽美聽到有東西吃時，整個人登時亮了起來！接著馬上坐到餐桌前，將剛剛的不悅完全拋在腦後。

「這是什麼？」加芽美的注意力都在桌上的食物。

「普普通通的海鮮粥。」妲雅回答。

「什麼？我好不容易找來的白米竟成了普普通通的海鮮粥！我要確認一下，你們是不是浪費了我的食材。」

蘇蘇早已盛好一碗海鮮粥，一刻不差的端到加芽美面前，她馬上毫不客氣的吃了起來。雖然每次看見加芽美的吃相都令人吃驚，但四人似乎也漸漸習慣了，他們跟著默默的吃著碗裡的食物，莫非，她真的很可憐？

「你說的甜點是像這樣的東西嗎？」吃得飽飽的加芽美心情大好，從袋子中拿出一個有蓋子的陶罐遞給凱文，「我找了好久，這是我們最甜的食物了。」

妲雅聽見加芽美的話，用幾不可查的眼神看了一下加芽美，她是為了幫忙找甜食才一直沒來嗎？

凱文接住後打開蓋子，一股甜蜜清新的香味湧了出來，那是一個很熟悉的味道……

「蜂蜜耶！好棒喔。」蘇蘇和阿海很高興。

蘇蘇連忙去切了一些水果，淋上蜂蜜，成了飯後水果及甜點。蜂蜜滲入水果中，甜蜜蜜的滋味的確撫慰人心，大家似乎都沉浸在一種靜謐的慵懶中。凱文突然覺得應該利用這個機會問清楚宴會的事，提高回家的勝算。

他們詢問加芽美翼人族的菜色，但加芽美好像只懂得鹹的、熱的、冷的、菜和肉、魚、米飯、好吃、不好吃這些粗淺的概念，至於菜肴的烹調方式、調味配方一概說不清楚——實在是太令人驚訝了。

加芽美能確認的大概是：宴會上要有魚、米飯（不是粥）、肉和菜。

蘇蘇猶豫了許久，還是決定提出一直以來的疑問。

「為什麼加芽美總是看起來那麼餓呢？有時候話又好像只說一半，感覺在心煩什麼事，」蘇蘇小心翼翼的說著，「你是不是遇到什麼麻煩？或者有什麼不能告訴我們的事嗎？」

加芽美的臉上，唰的全無血色，雙脣不住顫抖：「你……你別亂猜，我……我好得很！」話沒說完，加芽美就隱身不見了。

大家都被加芽美的反應嚇了一大跳，尤其是蘇蘇，她很自責讓加芽美受到這麼大的刺激。

「這件事不單純，加芽美一定隱瞞了什麼。」妲雅說，「我們會不會被捲入什麼陰謀中，最後回不去。」

「不會的，我相信加芽美。」凱文斷然的說，他不允許好不容易看見的希望之火被澆熄，「她沒有處罰我們，還願意隱瞞自己的族人來幫助我們，給我們機會，一定承受了很大的壓力。」

「說得也是……」三個孩子聽凱文這麼一說，反而覺得對加芽美有些不好意思，心中的不安也暫時被撫平了。

他們開始全心準備。凱文鋸來了更多竹子，打算擴充餐桌的規模，以備加芽美不時的到訪共餐。蘇蘇帶著諾諾去探訪植物，順便尋找一些不同的食材。阿海先去餵了露露和娜娜，陪牠們說了一會兒話，才提著釣竿去釣魚。

妲雅窩在洞穴裡寫筆記，專注的思考小島的食材，設計菜單；雖然現在已經擁有了更多，甚至有了白米和蜂蜜，但是，距離宴會的菜肴，還是差得遠呢！

DAILY LIFE
飛機草的花
地瓜葉
莧菜
飛機草
Recipe

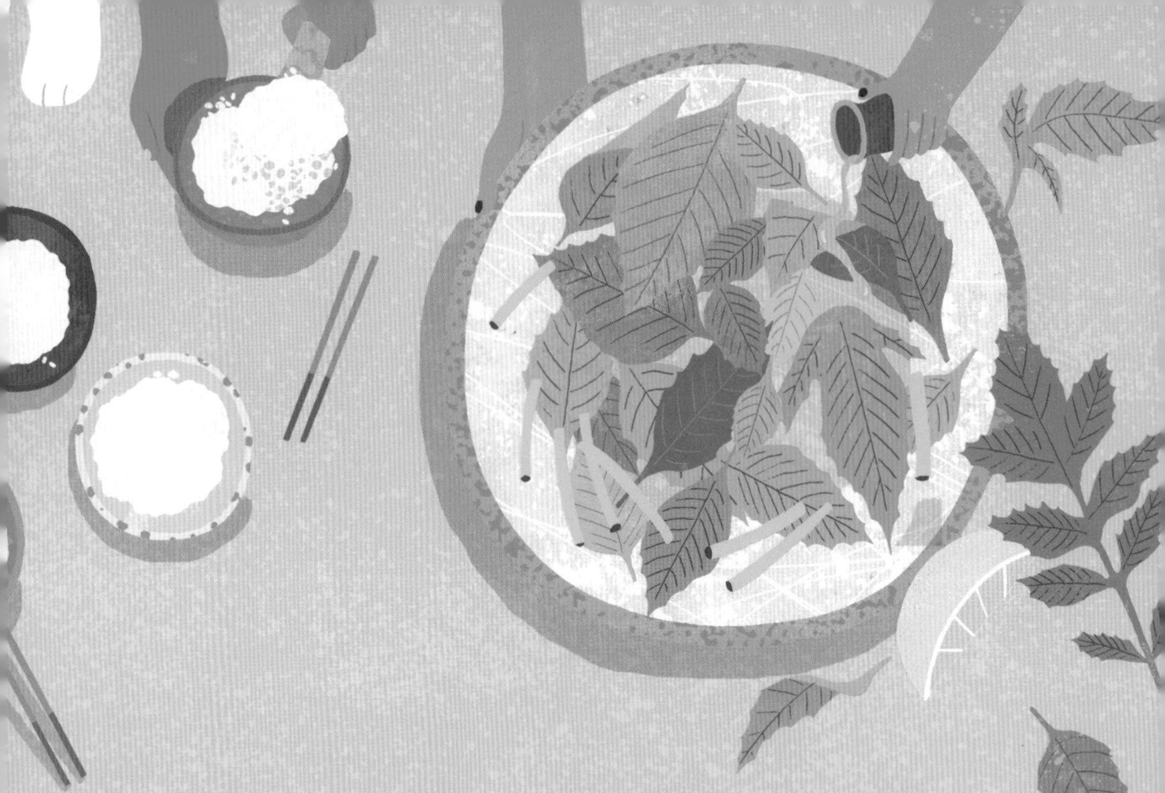

下午，蘇蘇帶回一大把飛機菜，野蔥，還有幾顆檸檬。即便檸檬表皮坑坑斑斑，妲雅還是很開心，檸檬汁可以淋在烤魚上增添風味，還可以和蜂蜜調成沙拉醬。晚上的菜單就這麼決定了。

蘇蘇說的沒錯，飛機菜的大莖撕去外皮後，碧綠清透的芯咬起來多汁鮮嫩又清脆。妲雅

央請蘇蘇幫忙處理這一大把的飛機菜，再汆燙過，自己則忙著將擠好的檸檬汁，加入蜂蜜、鹽和油，調和出爽口的醬汁。

阿海負責烤魚，他的烤魚功力已經到了出神入化的境界，每隻魚都被烤得外皮香酥、魚肉鮮嫩，連諾諾都成了他的忠實粉絲。

今天的晚餐有飛機菜嫩莖佐蜂蜜檸檬沙拉、檸香烤魚，因為檸檬的加入而添了一抹清新。搭著白飯，清炒飛機菜葉，再配上一碗熱騰騰的蛤蜊蚵仔薑絲湯，實在太幸福了！圍著加大餐桌吃飯的四人，同時想起了加芽美，不知她吃飽了嗎？

隔天，加芽美在吃早餐的時刻現身，大家暗暗鬆了一口氣，馬上為她張羅起早餐。

今天是吃蛋日，其實，大家有默契的多等了一天，集了六顆蛋。妲雅做了野蔥烘蛋，將大量野蔥切成蔥花，先灑上鹽稍微醃漬一下讓蔥的口感更柔軟，再加入蛋充分攪勻後，注入熱好油的鍋中，以筷子攪拌使蛋液蓬鬆也讓蔥分布均勻；待兩面煎出金黃的顏色，便可以起鍋了。

手邊的食材讓妲雅想起了一道經典的日本料理——將炸物（炸魚最為常見）浸泡在以醋和辛香料調製的醃汁中，製成的「南蠻漬」。那是她和媽媽每回去日式料理店必吃的餐點，酸甜的醬汁化解了炸物的油膩感，既爽口又濃郁。

她決定嘗試用現有食材，做成「小島風南蠻漬」。先將魚用稍多的油半煎半炸成乾酥的狀態，再淋上以檸檬、蜂蜜、鹽和薑末稍微熬煮過的醬汁，肯定開胃得讓人能吃下一整鍋飯！

阿海撒嬌想吃地瓜稀飯，所以大家試著煮出第一鍋稀飯，其實比煮乾飯還簡單。

大夥兒唏哩呼嚕吃著，轉眼就一掃而空。飯後四人忙著收拾清洗，大家心照不宣的不再提起昨天的事，讓加芽美鬆了一口氣。

「這可是我好不容易才取來的東西，你們要好好利用，別浪費了。」加芽美等大家都忙完了，才拿出她帶來的東西。而且將它放在桌上後，似乎打算馬上離開。

「加芽美，你可以陪我在島上尋找食材嗎？」蘇蘇突然出聲叫住加芽美，「你應該比我更了解這座小島，一定可以找到更多好材料。」

加芽美愣了一下，才緩緩的點了頭，打消了離開的念頭。

「好期待喔！這次加芽美帶來了什麼食材呢？」雖然剛吃飽，阿海仍忍不住嘴饞，伸手打開桌上的袋子。

「哇嗚！」四人同時發出驚嘆聲，他們終於等來了這位特別來賓——鮮肉。

香料

太久沒吃到肉，看到肉簡直教人發狂，阿海抱著凱文又叫又跳，蘇蘇和妲雅則激動得緊握彼此的雙手，可以吃肉了！

稍後，四人佇足在餐桌旁，著迷的看著肉。長條型的肉，肉色鮮紅，幾乎全是瘦肉，帶著漂亮的肉紋，微微溼潤的外表透著光澤，非但一點肉臊味都沒有，還有著鮮肉好聞的氣味。

該怎麼吃呢？滷肉，沒有醬油；炸豬排，沒有麵衣；爆炒，少了添香的佐料⋯⋯，各種提案，都有點美中不足。

「如果有胡椒粉就好了！」妲雅發出喟嘆。

「那是什麼東西？」加芽美對於食物的認知幾近於零吧！

蘇蘇靈機一動，趕緊抱來植物圖鑑，翻到有胡椒樹照片的那一頁，讓加芽美辨認，「你知道島上有這樣的植物嗎？」

加芽美先是對書本感到好奇，東摸西碰了好一會兒，才認真看照片。她一下子瞇眼，一下子皺眉，一下子仰頭思考，搞得大

家都快沒耐性了。

「有！在那一頭的山腳下我曾經看過。」加芽美的回答引起大家的一陣歡呼，太好了，宴會料理有希望了。

加芽美帶著蘇蘇去找胡椒，當然，是用飛的。她抱著蘇蘇，一路飛越了島上的山，蘇蘇嚇得閉上眼睛，直到平安落地。

兩人在陽光充足的樹林邊找了一陣子，終於找到了胡椒！島上的胡椒是矮小的樹種，很方便採收。蘇蘇先在地上撿拾已經完全成熟、掉落在地面的胡椒，因為一直沒有人收成，那些胡椒已經在陽光的烘晒下變得乾燥，可以馬上使用。

當她們帶回胡椒時，其他人馬上衝上前來，像在迎接大明星。「這是已經成熟晒乾的胡椒粒，再用鍋子稍微焙乾，研磨過後，就可以用了。」

「什麼，還要用鍋子炒！我不管啦，我要馬上吃肉！」阿海太想吃肉，退化成任性的五歲小孩。

「趕快準備好鍋子。」妲雅看向阿海。

「是，Chef。」上一刻還在發潑的阿海馬上上緊發條。

他們將這些黑色果實，放入無油的鍋中乾炒；為怕燒焦，不時用鍋鏟拌炒，不須多久，鍋中的胡椒就傳出帶著嗆辣的香氣，他們趕緊起鍋放涼。

等到要研磨時，大家才想到沒有研缽，真是一波三折啊！妲雅想了片刻，拿來刀子，在砧板上又拍又切，好不容易把到處滾動的胡椒弄碎，洞穴裡充斥著胡椒辛香的氣味。

妲雅請阿海試著將一整條的豬肉切成肉片，接著熱油鍋，均勻擺上一片片的肉片，當肉與油接觸的那一剎那，發出了滋滋的聲響，爆出了迷人的肉香，令在場的每個人都情緒激昂。

直到煎得兩面帶著紅褐色的紋理，妲雅輕輕在每一片肉片上撒上鹽巴和胡椒，稍煎一下後，讓高溫逼出胡椒的香氣，就可以起鍋了。

每個人的餐盤上，包括諾諾，都擺著幾片噴香的肉，讓人口水大爆炸。開吃吧！大家飛快夾起肉片，顧不得燙，一口塞進嘴裡；濃郁的肉汁在嘴巴裡爆裂開來，夾帶著海鹽的鹹、胡椒的辛香辣，好吃得差點咬到舌頭。

當最後一片肉片消失在嘴吧時，每個人都悵然若失，好想，好想，好想再多吃一點肉喔！

肉對翼人而言，應該是珍貴的食材吧！自從第一次吃到肉以後，加芽美偶爾才會帶來一些肉。妲雅不停在筆記中塗塗改改，思考更好的肉類料理方式。

雖說加芽美不太會讚美人（應該說完全不會），還小氣巴拉，情緒很多，但不能否認，有她在還是幫上不少忙。不知不覺，她待在島上的時間越來越多，幾乎天天跟著他們吃三餐。

四人也發現，加芽美空有精明的外表，其實很糊塗，即使看了圖片，明確認有，卻老是連作物生長在什麼位置都說不清楚，令人難以相信她是這裡的管理員。

幸虧加芽美可以飛行，找錯地方時可以在最短時間修正。

這天，他們帶回了——甘蔗。

「甘蔗！」一看到甘蔗，阿海再次進入狂戰士模式，「我要吃十根！謝謝你，加芽美！」

「多虧了加芽美的幫忙，」凱文說，「幫我們找到甘蔗，還幫我們送回來。」

「謝謝你！」、「謝謝！」

原本嘟著嘴，在一旁碎碎念發牢騷的加芽美，聽了每個人的道謝之後，又紅了臉。

那麼長，又那麼重的甘蔗，是如何搬回來的呢？一問，才知道竟然是加芽美一個人運送回來的！

「你不只會隱形，會飛，力氣還這麼大。」阿海羨慕的說，「在我們的世界，你可以加入復仇者聯盟。」

「什麼是復仇者聯盟？」加芽美當然聽不懂，「下次不要再叫我做這種事了。」

凱文和蘇蘇知道，加芽美很討厭流汗，也很討厭弄髒衣服、討厭動物接近她（有恐毛症），所以她其實並不想搬。她應該是為了這場宴會，也犧牲了自己吧！

「凱文哥，快幫我削幾根！」阿海說，「男子漢的浪漫甜食要來了。」

凱文也是第一次處理甘蔗。他俐落的砍下一截，依照阿海口沫橫飛的指示，把紫黑的蔗皮削去，露出了微微泛黃的甘蔗芯，接著又截成一段一段。

「太好了！」阿海像是個幼兒園的阿弟仔，也沒問過其他人，兀自接過一節大啃起來。

「哎喲，噴到我了啦，好噁心！」阿海豪邁一啃一甩頭，咬下一截甘蔗，彷彿用全身的力氣把甘蔗扯斷，幾滴甘蔗汁飛濺到妲雅臉上，還有不少甘蔗汁沿著下巴啪搭啪搭滴個不停。

「好甜、好多汁，爽快！」阿海全然不顧妲雅的反應，又向凱文拿了一根，遞給妲雅。「來一根，超療癒的！」說著，阿海歪頭用力「呸」了一口甘蔗渣，接著又汁液四濺的大啃了一口。

「你一定要吃得那麼誇張嗎？」妲雅露出嫌惡的表情，「又不是在吃檳榔，好粗魯！」

「你不懂。」阿海說，「這個是男子漢的浪漫！凱文哥，也來一根！」

「哈哈哈，好喔！」凱文放下刀具，也學阿海用豪邁的方法吃甘蔗，看得妲雅目不轉睛。

蘇蘇也挑了一根比較細一些的，小口小口啃了起來。

「加芽美，要不要也來一根？」阿海遞了一根到加芽美面前。

「呃……」加芽美尷尬得臉紅搖搖手。她才不想讓別人看見自己啃甘蔗呢。「我們都是榨汁來喝的。」

「諾諾，女神和女王都不吃，給你吃吧！」阿海把甘蔗遞給早吐著舌頭等在一旁的諾諾。諾諾一把躍起，叼走了甘蔗，開開心心，彷彿舔骨頭一樣啃了起來。

「看我們家諾諾吃甘蔗的樣子就知道，是個男子漢！呸！」

阿海又狠狠吐了一口甘蔗渣，啃了一口甘蔗。

看來，這個民族的飲食文化似乎還停留在相當原始的階段。有甘蔗卻不會製糖，妲雅一邊看著大家啃甘蔗，一邊思考著。

「加芽美提到榨甘蔗汁，有榨汁的機器嗎？」妲雅問。

「當然有！」加芽美說，「你也要榨汁喝嗎？」

「不，不是要喝的，」妲雅說，「也許可以利用甘蔗汁，做更多好吃的料理。」

原本覺得麻煩的加芽美，聽到妲雅表示有可能做出更美味的食物，雖然有點無奈，還是在隔天搬來了翼人族的「榨汁機」。

那是一台很古老的器具，很像蘇蘇阿公阿媽家的老式手動榨汁機，只是大了大概二十倍。

「什麼嘛！我還以為是自動的……」妲雅沒想到是這麼「原始」的器具，暗暗吃了一驚。對耶，翼人族似乎沒有電，那到底怎麼過生活啊？不過，凱文對這樣的器械卻充滿了興趣，愛不忍釋的研究著。

「我壓不動！」阿海迫不及待想嘗試，但試了一次就大喊吃不消，連凱文也撐不了多久。

「唉……又要靠我……」加芽美重重嘆了一口氣：「要榨多少呢？」

「不知道，越多越好……」妲雅說。「就麻煩你了。」

加芽美力氣大，榨起汁頗為輕鬆，只是她自己覺得很委屈。

「加芽美好厲害！」

「加芽美真棒！」

「加芽美了不起……」

雖然心裡還是老大不情願，但阿海一直在旁邊不斷吆喝讚美，讓加芽美心情美滋滋的。

經過了一番努力，他們有了一整個陶壺的甘蔗汁。

「好過癮！」阿海一連喝了幾杯。

「一直狂喝，小心你會蛀牙！」妲雅忍不住罵，「那是我要煮糖用的，你別太誇張！」

阿海仍舊咕嚕咕嚕的猛灌，接著突然停下。

「嗯……」只見他臉色發白，「好像有點膩……我不行了……」

「沒事吧？」蘇蘇連忙關心阿海。

「哼，就說吧！喝夠了快過來幫忙生火！」妲雅說。

「我、我有點不舒服，我先休息一下……」阿海一手扶著頭，一手扶著肚子，退到一旁去。

「真沒用！」妲雅暗罵。

「我來幫忙。」蘇蘇趕忙上前支援。

一起生了火，妲雅便開始煮甘蔗汁。

每次生火時，加芽美都會站得遠遠的，露出害怕又有些嫌惡的表情。

「加芽美，要不要一起來生火？很好玩喔！」阿海看見加芽美的樣子，覺得有些好笑，竟因此恢復了元氣，揶揄加芽美。

「不不不、謝了！」加芽美一邊搖手，一邊又退了幾步。

她對火焰似乎有恐懼，燒柴的煙讓她嗆得難受。

無論看幾次，加芽美都覺得不可思議，為什麼有人願意花這麼多時間，做這麼麻煩的事呢？

但眼前的妲雅，還有蘇蘇、凱文，甚至阿海，卻沒有任何的不耐煩——這莫非是低等種族的特質嗎？

可是！可是！他們做出來的食物卻是如此美味。

妲雅屏氣凝神，彷彿全世界只剩下她和眼前燒煮的甘蔗汁。

有了先前煮鹽的經驗，她不再那麼恐懼，甚至還有幾分自信。

妲雅守在鍋子前，全神貫注攪拌著鍋裡的甘蔗汁，因為不斷攪拌，臉上滿是汗水。

不久，空氣裡瀰漫著一股濃郁的焦香甜味，沒想到煮糖的味道竟然這麼香！

而且，煮糖似乎比煮鹽困難！高濃度的甘蔗汁只要稍一停止攪拌，就有燒焦的危險。好不容易液態的甘蔗汁轉成金黃色的糊狀，就得趕緊倒出來，太溼不行，太乾也不行。

即使已經離火，鍋子的溫度還是非常高，冒著縷縷熱氣。妲雅持續的翻動攪拌，讓熱氣可以順利排出。

黏稠的琥珀色結晶，有點像是沙狀的麥芽糖。

啊！糖的氣味，妲雅感到幸福。

「好香喔！」一旁的阿海也撐大鼻孔，瞇著眼睛陶醉的嗅著，臉上還泛起紅暈。

翻著翻著，糖漸漸變成了更明顯的沙狀。

妲雅終於可以停下攪拌動作，用湯匙刮了一匙品嘗……哇！太美味了！

妲雅注意到一旁的阿海，正露出可憐小狗的眼神，看著自己。他一定是怕挨罵，所以遲遲不敢動手。

「挖一點來吃吧！」

「可、可以嗎？」

妲雅頭才點到一半，阿海的閃電無影手已經出動，迅速挖了一匙放入嘴裡。

「好燙！」阿海一邊慘叫，一邊張開嘴巴呵氣，一邊蹦蹦跳。

「傻子！看不出來很燙嗎？」妲雅也嚇壞了，「你沒事吧？」

「呼——呼——哈——哈——唔——唔——」阿海搖著手，嘴巴不斷呵氣，過了半天，才發出聲音。

「太好吃了！」

「你沒燙傷吧？」

「燙傷了，好痛，可是很值得！」阿海用苦澀的皺臉擠出一個笑容，比了一個讚。

「真的很阿呆。」妲雅感到哭笑不得，又忍不住罵了一聲。

這糖，的確美味！

天然新鮮的甘蔗香氣，滲著微微的焦香，共構成無比濃郁，充滿個性的甜味。

光是這糖，就已經是風味十足的甜點了。

接著，妲雅讓加芽美、蘇蘇和凱文也嘗嘗剛剛做好的糖。

「很好吃，對吧！對吧！」被禁止再吃的阿海，在一旁不斷的敲邊鼓，一方面是真的認為糖太好吃了，一方面想多拍一點馬屁，看看妲雅能不能夠再「賞賜」給自己一點好吃的糖。

「嗯嗯……唔……」

凱文和蘇蘇也同樣瞬間沉浸在甜蜜的天堂裡，說不出話來，一臉幸福樣。

加芽美則是瞪大眼睛，拚命想確認嘴巴裡的到底是什麼滋味！這不是水果的甜，也不是蜂蜜的甜，也不是甘蔗的甜，但，好甜好甜，讓她驚豔到極點！

「這、這是？請再給我一點！」

「別客氣。」加芽美不可置信又嘴饞的模樣，足以將妲雅捧上了天，她又挖了一些糖給加芽美。

「這真是，太好吃了。」加芽美盛讚不已。她很難相信，這幾個什麼魔法都不會的原始人，還能做出比這個更好吃的東西。

「這就是糖。」妲雅帶著微笑，加芽美終於說出「好吃」這個詞了。

「糖。」加芽美像夢囈般複誦。

看起來好像很簡單，將甘蔗汁煮煮煮煮乾就變成糖了，加芽美心想。可是，光想到要在這麼熱的地方不斷重複同樣的動作，就讓她有點受不了，這些「人類」真令人佩服。

「雖然鹹的食物吃起來很幸福，但是有時候吃一點糖……更是幸福加倍。」阿海像是個詩人一樣搖頭晃腦的說。

「還不只如此，我想做點別的。」糖雖然美味，卻只是妲雅計畫的第一步而已。

呼！妲雅放鬆心情，一陣疲勞感突然襲來，讓她差點站不穩。

時。

全神貫注在煮糖，她這時才意識到自己已經一連站了幾個小時。

有了糖，接下來要做什麼呢？

有了糖，可以做甜湯！還可以做……雖然在休息，但妲雅的腦袋又再度飛快的運轉起來。

這裡沒有麵粉，也沒有烤箱，甚至連牛奶也沒有……翼人族平時到底怎麼過活？看來人類世界並沒有比較遜色。十分在意各種勝負的妲雅，心情稍稍平衡了一點。

只是，以現有的材料能做什麼甜點呢？

「對了，就是這個！」妲雅的腦中，閃過奇妙的念頭。

「妲雅，你在做什麼？」阿海看見妲雅又把甘蔗汁倒入鍋子裡，覺得很奇怪。

「我們的糖不是還有很多嗎？」

妲雅的心思現在全在眼前的事物上，「別吵我，去幫我多摘一些不同的水果回來，可以嗎？」

「是！」阿海聽到妲雅的指示，像是個服從的士兵一樣。「天啊，我什麼時候變成妲雅的奴隸了？嗚嗚。」

「哥，可以麻煩你幫我削一些烤肉用的竹籤嗎？」

「馬上辦！」

「哇！」妲雅大叫一聲。

「怎麼了！」

「我被糖水濺到了，好燙！」

才剛放下水果的阿海飛奔過來，立刻用放置在一旁陶罐裡的水幫妲雅降溫。

聽見妲雅哀叫的蘇蘇，也從遠處趕了過來。

被燙傷是難免的事，妲雅自己早也能夠處理。但對於阿海的體貼，她還是覺得很感動。

在一旁的加芽美，嚇得傻了眼。

煮個東西竟然會受傷，下廚果然很可怕！

「我沒事，謝謝！」妲雅發自內心表達感謝。

「可不可以請

你們幫我把水果切成大約一口大小，並用竹籤串起來。」

「沒問題。」阿海和蘇蘇接旨。

接著，妲雅再次聚精會神。她在腦海中不斷回想著上課的記憶。

水太多……似乎不行。

水太少……也不行。

攪拌……好像也不行。

「成功了！」經過不斷嘗試，淡淡的褐色糖水，終於凝結成像浮冰一樣的結晶。

接下來，妲雅又煮了一次，這次，在糖水凝固之前，她把一串串的水果放進去，均勻的沾裹上糖水，然後拿起。

糖液迅速在水果的表面形成一層像玻璃一樣的脆皮，讓水果彷彿上了亮光漆一樣，閃閃發亮。

「太棒了，你們快過來看！」

所有人聞聲全都跑了過來。

「咦？這是……」

「糖葫蘆耶！」阿海大叫。

「太棒了！」

他們一串接著一串吃著，薄脆的糖衣在嘴中碎裂後，水果柔軟的口感帶來衝突的驚豔，而且糖衣微苦的甜味和水果的滋味交融得十分巧妙。

「來，吃吃看！」阿海遞給加芽美一串。「這是我們大廚特製的甜點！」

眼前竹串上的水果晶亮晶亮著閃爍著光芒，加芽美瞪著她的大眼睛，很不可思議的接過糖葫蘆，像是捨不得，猶豫了一陣子，才輕輕咬了一口。

RECIPE 9
鮮果糖葫蘆
材料
・香蕉、木瓜、甘蔗
4
2
甘蔗汁
炒成糖
1
5
3
糖加水
熬煮

「哇！」加芽美似乎想多說些什麼，卻說不出口，又一口一口吃著糖葫蘆。

「這、這是我吃過最好吃的東西了！」加芽美讚嘆著。「這是你們最好吃的東西嗎？」

「不，我們還有很多很多其他好吃的東西。」妲雅說。

「怎麼可能！」

「是真的。」

加芽美彷彿受了很大的打擊。在她的心中，很難想像這世上還有比眼前的糖葫蘆更美味的食物。

其實，妲雅並沒有吃過糖葫蘆。跟媽媽去上甜點課的時候，曾看過老師示範過煮焦糖。她喜歡吃焦糖烤布蕾，但糖葫蘆……她曾經在市集看過人賣，媽媽說那沒什麼，而且不衛生。這在她心裡，成了一個忘不了的小小遺憾。

而今天，她自己做出了糖葫蘆，她覺得超級好吃的！媽媽真是不識貨。

大家心滿意足的吃著一串串甜蜜的糖葫蘆，感覺全身都被幸福籠罩。

成功的做出焦糖，以及大家（尤其是加芽美）讚不絕口的糖葫蘆，妲雅當然開心得意的不得了。

不過，只有做出糖葫蘆，她仍舊不滿足。

運用手邊現有的材料，再來想想看能做什麼吧。

地瓜……！

起初，妲雅用蒸熟的地瓜製作，發現蒸熟的地瓜不好切塊；但若不切塊，糖只附著在表皮，瓜肉也會被煮爛，糊成一團。

經過思考之後，她採取了另一種做法。

她先把洗乾淨的生地瓜切成塊狀，放進糖水中一起熬煮，最後成功的讓每一塊地瓜都裹上糖漿。

撈起後，糖凝結在地瓜表皮上，形成了一層脆皮糖衣，就像糖葫蘆一樣。

一口咬下，裡頭還是熱呼呼的。

最棒的是，地瓜的甜味和焦糖的甜味，彼此不互搶，不但沒有過膩，反而更加柔和順口，吃到停不下來了。

水果糖葫蘆吃起來清涼，拔絲地瓜則帶著溫度；就像是冰與火，同樣慰藉人心。

平時吃的都是高級飯店或麵包店精緻的糕點，這些平民美食妲雅以前全都沒吃過。

沒想到，自己絞盡腦汁做出來的食物，竟然是小吃，妲雅覺得意外。不過，好吃從來沒有貴族和平民的分別啊！體悟到了這一點，妲雅對任何食物都充滿敬意。

翼人的困境

「這到底是怎麼回事！」

這天，五人正吃著早餐時，一群翼人突然現身，帶頭的女子以極具威嚴的聲音怒吼，「這群擅闖聖域的野蠻人是誰！」

「哇！」大家還搞不清楚狀況，加芽美已慌亂得下跪，「請女王陛下息怒！喂，你們幾個，趕快跪下！」

看加芽美驚恐的模樣，以及那女人一身金碧輝煌的打扮，不可一世的氣勢，加上隨侍在側的四個彪形大漢，讓他們意識到不妙，連忙跟著下跪。

「加芽美！你明知道現在的狀況……」似乎顧忌有異族在場，女王罵到一半，突然打住，過了半晌才接著說：「有人通報你最近行跡詭異，還發現你擅自帶走皇宮裡的食材。我如此信任你，你卻竟然做出背叛我的行為，太令我失望了！」

「女王息怒！」

「你不好好準備接下來的敬靈祭，竟然在這裡和莫名其妙的外人鬼混！」

「女王陛下，這幾個孩子，就是這次敬靈祭的廚師！」

「你在胡說什麼！」女王的怒火瞬間讓溫度上升了幾度，「幾千年來，我們都是用同樣的料理來祭拜，怎麼可以說變就變，更何況，是四個異族！」

「是真的，求求您嘗一次他們的料理就知道了，我願以性命擔保！」加芽美顫著聲說：「陛下，恕我直言，您也知道我們現在沒有人可以作出像樣的料理呀！」

「哼！」女王怒不可遏，「你應該知道，這次的敬靈祭有多重要！好，既然你這樣說，那就讓你來負責，你也跟他們一起做飯！要是到時候引起神靈不滿，我就罰你和這幾個異族人，全部當奴隸，一輩子煮飯！」

「謝謝陛下的開明寬厚！」加芽美說，「我們一定會讓您滿意的！」

「走！」女王說完，率領護衛，狂風暴雨般的離開了。

「加芽美……到底怎麼回事？」女王離去後，凱文顫著聲問，三個孩子也驚魂未定。「你不是說……女王很寬厚？」

「對不起……」加芽美晶亮的眼睛流下了兩行眼淚。

看見平時高傲倔強的加芽美竟露出如此可憐的模樣，他們原本驚恐的情緒稍稍平緩下來。

加芽美緩緩說起了翼人族的困境。

「其實這一陣子以來，翼人族面臨了前所未有的危機。翼人族的能量和知識，都儲存飄浮在皇宮上方的「奧祕之雲」裡。奧祕之雲，自遠古以來便存在，存放翼人族世代累積的知識，也儲存了源源不絕的魔法之力。利用這些魔力，我們可以賦予泥土人偶動力，擔任絕大多數的勞動工作。

翼人族歷史上最偉大的女王嗚莎瑪，為了讓人民的生活更加便利，不用為了三餐操煩，費心研發了土人偶的烹飪功能，並且在奧祕之雲中儲存了各種流傳已久的食譜，土人偶會依據奧祕之雲所儲存的食譜來煮食。

翼人族經過長久的時光，已全然依賴土人偶烹飪。我們有集中的餐廳，想吃東西時，就去餐廳點餐。」

「就像百貨公司的地下街一樣嘛！」阿海邊聽邊發表意見。

「噓！」妲雅兇狠的示意阿海別插嘴。

「可是，就在前一段時間，一場罕見風暴之後，奧祕之雲裡的魔力和知識，突然消失了。已經運行數千年的奧祕之雲，在歷任女王的守護下，一直都運作得很好，魔力也不斷提升，誰也沒有想到，會有失靈的一天。

土人偶動不了，食譜的知識、烹飪的知識也完全散失。現任

土人偶食堂
今日
菜單

的翼人族，幾乎沒有人懂得如何烹飪了。我們損失了大部分的知識和勞動力，全國陷入了慌亂。由於我們看到火就怕，想到流汗就覺得煩，準備三餐變得無比痛苦，只能硬著頭皮亂煮一通。」

「原來如此……」大家現在終於明白為何加芽美之前總是餓肚子，又有很多奇奇怪怪的情緒。

「辛苦你了，你一定承受很大的壓力。」凱文安慰加芽美。

「可是，沒有留下書或者……紙的紀錄嗎？」蘇蘇問。

「沒有……我們所有的東西都依賴魔法儲存……」加芽美拿出一張獸皮卷軸，說：「原本，只要翼人想著需要知道什麼，奧祕之雲中的知識，就會立刻呈現在卷軸上，但現在……」

「喔，天啊……聽起來真的很不妙。」阿海雖然還是滿頭問號，但聽得出大概就是電腦或手機裡的資料被刪除，全部救不回來的情況吧！

羊皮就能顯示想要看到的資料，哇！這是非常厲害的技術耶！凱文聽得目瞪口呆。人類世界的科技，目前做不到這一點。

「嗯……我為女王打理皇室飲食，平時負責管理土人偶的膳食運作。另外，也負責一年一度的敬靈祭。」加芽美說。

「那，現在皇室是誰在煮飯呢？」妲雅問。

「都是囚犯被逼著做。」

「天哪，煮飯竟是懲罰奴隸的方法。」妲雅不敢置信。

「一般老百姓呢？」蘇蘇問。

「只能靠他們自己了……」加芽美說。「對翼人來說，一年一度的敬靈祭，沒有土人偶可以支使，又沒有人有把握能夠煮出敬靈祭的菜肴！這讓女王陷入恐慌，陛下原本打算在敬靈祭上祈求地之靈恢復奧祕之雲的魔力和知識。」

加芽美把目光轉向大家。

「……我當時來到島上著手準備敬靈祭，無意中吃到你們的料理，我覺得……或許……可以利用你們來幫助翼人族……」

「為什麼不一開始就告訴我們呢？」妲雅問。

「我們翼人是很尊貴的，尤其是皇族，絕不會告訴別人丟臉的事情，連自己族人也不會說，更何況是外族！」

「這也太辛苦了。」阿海覺得加芽美和他們一樣可憐。

「我若一開始就向女王提議，她一定不會接受……我本來想找個合適的時機告訴她，沒想到……」

「原來如此……」

「女王已經為了奧祕之雲的事情心煩意亂，我想要幫她。」

加芽美說。「對不起，我應該先跟你們說的。」

「慢、慢著！」妲雅突然臉色一變，「奧祕之雲的魔法消失了……那女王還有辦法送我們回去嗎？」

「呃……」加芽美一時語塞。

「哇！」阿海意會過來，也喊叫出聲。

「所以這根本是不確定的事情。」蘇蘇喃喃的說。

「對、對不起。」加芽美再度陷入慌亂，「我相信如果地之靈將奧祕之雲復原，女王一定會十分高興，到時候她就可以運用魔力，送你們回去的！」

聽到這裡，他們全都覺得有些被欺騙的感覺。那個性格暴躁的女王，真的有可能幫助自己嗎？光靠一個拜拜的敬神儀式，就能解決「奧祕之雲」問題嗎？

半晌，他們都說不出話來。

「請你們相信我，請幫助翼人族！相信女王，相信偉大的地之靈吧！」加芽美竟跪伏在地上，泣不成聲。

「加芽美，請你快起來！」他們花了好大的力氣，才勉強攙扶起加芽美。

大家對加芽美和翼人族的遭遇感到同情；可是，又想到如果女王不滿意，他們就要變成奴隸，也許一輩子被留在這裡，讓他們心情沉到了海底。

顯然，他們沒有選擇，也沒有退路。

時間越來越逼近，原本愉快的烹飪，如今卻變成了幾乎攸關生死的巨大壓力。

好不容易變得駕輕就熟的煮食三餐，現在卻讓人喘不過氣來。

最慌亂的就是阿海了，他變得常常自言自語，碰翻東西，就連拿手的釣魚都不如以往豐收。

接著是加芽美。不難想像，她擅自決定讓妲雅他們負責「敬靈祭」，又包庇擅闖勝地的異族人，成敗的責任像山一樣壓在她身上。

原本話就少的蘇蘇，現在變得更加沉默，連僅有的笑容也消失了。

凱文則是勉強打起精神，在孩子們面前裝作若無其事，但妲雅注意到，哥哥總在沒人注意的時候，唉聲嘆氣。

妲雅則每天苦惱著想出厲害的大菜，陷入了鑽牛角尖地獄。

諾諾曾試著為大家打氣，但卻起不了作用，也跟著意興闌珊。

就連露露和娜娜也感染了阿海的焦慮，常常下不出蛋。

這天夜裡，妲雅閉著眼睛，靜靜躺在睡袋中，等待睡意。

萬籟俱寂，她清楚感受到一旁的夥伴睡得很不安穩。阿海每天說著傷心的夢話，蘇蘇的枕頭早上總是帶著淚痕，哥哥則是越來越早起床，坐在餐桌邊發呆到天亮。

不知怎麼的，第一天來到島上的情景浮現在她的腦海中，接下來，是他們為了填飽肚子努力張羅的一餐又一餐；小島的蔬果、魚蚌、清泉一次又一次滋養他們的身體與心靈。她的雙手與烹飪的知識，因為小島帶來的鍛鍊而更加豐實。

如果有神靈，她相信就在島上，一直看顧庇護著他們，以美食引導他們茁壯。如果是這樣，那麼就應該相信祂，誠心的表達對祂的依賴。

「既然如此，就不要害怕。」

——心裡有個聲音，這樣告訴妲雅。

隔天一早，當大家又準備開始忙碌時……

「各位，這沒什麼的，就是一餐飯而已。」妲雅突然朗聲說。

「啊？」所有人有些吃驚，又有些茫然的望著妲雅。

「我是說，這次準備一桌料理，根本是小CASE！」妲雅說。「你們知道我以前曾經參加過世界鋼琴大賽，還曾經在英國女王面前公開演奏過嗎？」

「什麼！」蘇蘇吃了一驚，阿海也回過神來。

「不只如此，我也參加過小學生世界辯論大賽，還是隊長。」

「哇，真的假的！」

「不信你問我哥！」妲雅特意擺出她最得意的表情。「面對最強的對手辯論、在女王面前、在幾萬個人面前演奏的壓力，也沒有讓我害怕過。」

「真的嗎？」阿海轉頭問凱文，只見凱文點了點頭。

「太酷了！」原本失魂落魄、眼神渙散的阿海，發出驚呼。

蘇蘇也吃驚的微微張開嘴巴。

妲雅雖然平常像個嬌嬌女，但是她的人生字典裡，從沒有「認輸」兩個字，也從未想過「贏」以外的可能，壓力和挑戰越大，她被激發的潛力就越驚人。

妲雅想起以前參加世界音樂大賽的決賽過程——不是盲目的追求更好、更華麗的曲子，而是把自己會的、喜歡的曲子反覆練習到最好，零失誤。更重要的是融入感情，並且傳達到聽眾的心中。鋼琴老師是這樣告訴她的。

當時雖然贏得了大賽，妲雅卻沒有真正理解。直到此刻，「不要貪心。反覆練習。拚命練習，直到不會失誤。」的口訣在她耳邊響起，她知道自己該做什麼了。

與其一直想大菜，不如把握原有的材料，讓過程更熟練。

「而且我告訴你，我不只在英國女王面前表演過，我還曾經在……」妲雅靠在阿海的耳朵旁邊。

「真假？」阿海聽了整個人嚇得彈了起來。

「真！」妲雅拍拍阿海的肩膀，「這是祕密，別跟別人說。

所以，這裡的女王，沒有什麼可怕，安啦！」

這是妲雅第一次說出「安啦！」這麼俗又有力的話，自己都覺得彆扭，發音還不太正確。

「喔喔喔喔……」聽了妲雅的祕密，阿海一半的焦慮瞬間蒸發到外太空去了。

「你們覺得我煮的、不，我們一起煮的料理，好吃嗎？」

「好吃！」阿海篤定的回答，蘇蘇也十分肯定的點了點頭。

「對，那就沒有什麼好怕的。」妲雅說，「我相信一直庇祐我們的神靈，也會接收到這份心意的！」

「我阿媽說，誠意最重要，心誠則靈。」阿海像是說給自己安心一樣，慢慢的說著。「雖然是不同的世界，我想，神明一定也會理解我們的誠意的。」

「沒錯，就像是用心招待一個尊敬的長輩一樣。」蘇蘇說。

「我知道大家很緊張，」凱文說，「我想了又想，不管能不能順利回去，既然接受加芽美的委託，就要把這件事情做好。」

「嗯！」四人環視彼此，默契十足的點了點頭。

「汪！汪！」諾諾發出兩聲宏亮的吠叫，彷彿在說「沒錯！沒錯！」在場的每個人，都忍不住笑了。

加芽美看著他們四人，感覺到不可思議，不會魔法的人類，究竟還潛藏著什麼驚人的能力呢？

「那我們現在該怎麼做？」凱文問妲雅。

「我們不要再尋找新的食材了，而是要把現有的食材更充分的運用。」妲雅解釋她的想法，「還得要把烹煮流程規劃得更仔細，提升工作效率。」

妲雅提出烹飪時會遇到的阻力與不便，大家一起討論，想出了調整的策略：

　　凱文重新打造了幾個不同的爐火，並且囤積柴火、儲存水源，以防有突發狀況。他還規劃了動線，讓食材從放置、洗淨、去皮切塊到烹煮的過程，十分流暢。

　　加芽美則是協助原物料的大量製作，挑海水、運甘蔗……，減少重複製作熬煮的時間；並找來翼人族儲存食物的各式容器，妥善保存，以便隨時

可用。

蘇蘇負責掌握每日每餐的新鮮蔬果食材的取得和保存，並依當天烹調的方式進行不同部位的挑選與處理。

阿海專注採集蛤蜊、牡蠣和釣新鮮的溪魚，並進行前置的清潔切割，同時負責協助控制火力大小。

妲雅自然是擔任最重要的烹飪調整，並且利用時間不斷思考呈現方式。

大家在舊有的基礎上，加上新的思維認真操作了幾天，廚房的工作果真越來越輕鬆，菜肴品質提升，製作時間也縮短了。

那天深夜的感受一直縈繞在妲雅心中。這些由小島孕育的食材，每一次都帶給她驚喜，倘若地之靈是這座小島的主人，那祂一定能為這些食材的美味感到驕傲吧！

住在小島這麼久一段時間，她想以家人的身分，為地之靈煮一頓飯，是小島風味的，家的味道。

思及至此，妲雅開始在筆記上振筆疾書。

一定好吃
菜單！
甜筍沙拉
鮮蔬蛋捲拼
筍香蛤蜊蒸蛋
飛機菜與過貓
雙翠佐蜂蜜檸檬沙拉
野薑花風味
煎魚排
檸香烤魚
糖葫蘆
檸檬牡蠣炊飯
小烏風椒鹽豬排佐山芋
拔絲地瓜
野蔥
鮮魚
蛤蜊湯

酸味、甜味、鹹味、辛香味、煎的、烤的、煮的、蒸的……

妲雅有好多想和地之靈分享的菜單。她也想讓地之靈品嘗到小島招待他們的佳肴。光想到這些菜單，妲雅都溫暖幸福起來，他們會努力透過手做，傳遞這些感謝。

擬定菜單後，妲雅先挑出幾道比較不熟的菜色加強練習。

鮮蔬蛋捲的蔬菜，在與蘇蘇的討論與不斷嘗試後，決定選用各具香氣的飛機菜葉和野薑花，分別製成兩色蛋捲。

飛機菜葉切斷纖維，加上薑末先用油炒熟，接著煎蛋；趁煎蛋一面半熟把炒過的菜葉在中間鋪成長條，捲成蛋捲，用小火慢慢烘熟後，切成一輪一輪盛盤擺放，就有綠心蛋捲了。

野薑花蛋捲也依照相同的程序製作，完成後，綠白蛋捲交疊，成品讓蘇蘇和妲雅都很滿意。

野薑花風味煎魚排，則仰賴阿海的釣技和刀工。慎選魚肉厚實的溪魚，片出無刺的魚排，先用鹽醃漬後擦乾水分，再裹上一層薄薄的蛋液，下鍋前兩面貼上野薑花瓣，撒上一點胡椒粉，煎到乾爽酥嫩，吃起來帶著淡淡的花香，滿口都是山林溪澗的芬芳。

阿海超愛這道煎魚，直說回家要教媽媽怎麼做。

小島風椒鹽豬排佐山芋，則是妲雅苦思良久的菜，雖然肉的數量不充裕，但是加芽美很努力的為妲雅準備食材。

新鮮的肉簡單煮就好吃。妲雅利用鳳梨、鹽和胡椒先將整條豬肉醃過，放置半個小時之後，下鍋將豬肉表面煎到金黃，再放入山芋頭，加上足夠的水和白葡萄酒（凱文想起自己為了慶祝首航準備的葡萄酒，但要珍惜使用）一起煮至湯汁收乾。

這樣煮出來的豬排軟嫩多汁，既清爽又濃郁，芋頭更是吸飽了美味的肉汁，風味絕佳，一下子就被搶食一空。

RECIPE 10

椒鹽豬排佐山芋

材料

- 鳳梨、鹽、胡椒
- 豬肉、白葡萄酒
- 山芋頭

檸檬牡蠣炊飯，則是把煮白飯稍加變化。先把薑絲用油在陶鍋中炒出香氣，再將洗好浸泡過的白米倒入鍋中拌炒，添入一點鹽和胡椒粉調味，最後注入水，鋪上生牡蠣，就可以炊煮了。

有沒有一種香氣可以襯托牡蠣鮮美的海潮氣息，又不搶走牡蠣的風采呢？

在現有的食材中，妲雅想到了檸檬。但是，單純的淋上檸檬汁，似乎只留下酸氣，刨下新鮮檸檬皮拌入飯中，又多了一絲苦味。

幾經多次的實驗，妲雅取來檸檬，細心刨下檸檬皮，切成細絲後晒乾，再將充分乾燥後的檸檬皮與胡椒一起磨碎，最後加入海鹽拌勻，就成了檸檬胡椒鹽。

待牡蠣飯炊熟了，便將清新的檸檬胡椒鹽撒在飯上，並點綴幾縷新鮮翠綠的檸檬皮絲，炊飯頓時增添了色彩與香氣。

這樣煮出來的飯，不但具有牡蠣的鮮味和鹹味，又在咀嚼中飄散出檸檬的清香，凱文可以不用配菜，就吃掉兩大碗。

當這些腦海中的菜單在妲雅自己和夥伴的同心協力下，化成真實的菜肴，熱騰騰的端上餐桌，妲雅的心就更踏實一些。

RECIPE 11

檸檬牡蠣炊飯

材料 ・米、檸檬、牡蠣
・野薑花莖、胡椒

最開心的，還是看見大家開開心心完食，心滿意足的模樣，這樣的畫面才是最撫慰妲雅的。

日復一日，一日三餐，他們各自堅守崗位，不斷反覆的練習。

這一天終於來臨了！

前一晚，大家都沒有睡好。儘管他們做了充足的準備，每一道菜都有把握，還是難免緊張。

「加油，我們一定可以的！」烹煮之前，當凱文要幫他們打氣的時候，卻是阿海先說了這句話。

「哈哈哈哈！」妲雅笑了起來。

「哈哈哈哈！」不知為何連蘇蘇也跟著大笑，所有人第一次看見蘇蘇這模樣。

「幹麼啦！」阿海臉都紅了。

「沒事。」妲雅說，「我正要說這句話，結果被你搶先了！」

「我也是耶……」蘇蘇一邊指著眼角的淚，仍舊停不住笑。

「好，我們開始吧！就像平常一樣，煮一頓好吃的飯。」

「好，正常發揮就好，一定可以的！」

「正常發揮！」

大家開始忙碌起來。因為這些日子扎實的演練，每個人一著手自己負責的工作，就自然而然的投入其中，沒有絲毫疑慮和停頓。

預定的時間到了，五菜一湯，外加妲雅特別多準備的甜點，敬靈餐點上桌了。

「做得很好，我們已經盡力了。」凱文說。「這是我們真心誠意的一餐，祂一定嘗得出來我們的心意。」蘇蘇點頭。

「沒錯。」阿海摸了摸自己的護身符，他相信自己的守護神也會保護自己的。

妲雅沒說話，她知道自己完成了。

接近中午的時分，女王駕到，承受巨大壓力的她，臉色仍舊非常難看。正當她又要莫名其妙破口大罵挑毛病的時候——

「汪！」諾諾的叫聲干擾了女王的責罵。

糟糕，諾諾竟然沒有乖乖待在洞穴裡！

「你這隻沒禮貌的——」正當女王把怒火轉向諾諾時，卻颳起了一陣怪異的旋風。

「地之靈、地之靈來了！」包括女王在內，四周的翼人全陷入了驚惶。

「奇怪，時間明明還沒到，怎麼會……」加芽美面色鐵青。

「什麼！」阿海忍不住吃驚大叫，「不就像是拜拜一樣，擺在桌上而已嗎？」

「真的有神明會來嗎？」妲雅也十分錯愕。他們一直以為，就只是一桌「供品」。

「不是神明，是地之靈！」加雅美嚴肅的糾正。「快跪下！」雖不發一語，但蘇蘇全身緊繃；妲雅強做鎮定，一臉堅強的盯著前方；阿海緊握護身符，幾乎要嵌進肉裡了；凱文則站到三人前面警戒著，隨時準備保護孩子們。

天啊！這到底是怎麼回事？

原本以為就像原來世界的「拜拜」一樣，只要把食物擺好，靜靜的祭拜，是一種心意的展現。

難不成，翼人的神明真的會來「用餐」，活生生的就在眼前？

不，不管怎麼想都是超現實！

可是，翼人的世界原本就不可思議，發生什麼更奇怪的事情，好像也不足為奇了。

不過，還是很難相信，會有「神明」出現，來……吃飯？

所有人全都退到一旁去，恭敬下跪。就連女王也不例外。

妲雅還是不太相信「有神要來」，雖然不願，但四周的氣氛彷彿凝結一般，也只能乖乖跟著跪下。

異人們顫抖得厲害。

難道，他們的地之靈，非常凶殘、暴戾？

沙沙沙沙……空氣微微震動。

諾諾挺直耳朵，眼睛直視前方，卻沒有發出警戒的低吼。

什麼東西即將降臨——三個孩子和凱文，都感覺到了。

原本強勁的風，漸漸柔和下來，卻不斷迎面而來。那風，不斷吹過他們的每一吋肌膚，每一根頭髮，每個人像是身處在綿密的溪流中。令妲雅他們驚訝的是，風，竟漸漸有了顏色！那顏色，是碧青的綠，是盈亮的綠，是蒼翠的綠，是爽脆的綠……是稻田的綠、是林葉的綠、是山巒的綠、是大地的綠。

風的螺旋不斷纏繞，越扭越緊，越扭越快，最後竟成了一個人型。

哇，天哪！

遇見能飛行、力氣大、會魔法的翼人族，本來已是難以想像的奇遇，但是，他們真的沒想到，會遇見翼人的「神」！

「阿嘎嘎薩！恭迎地之靈！」所有的翼人全都低下頭，恭敬的呼叫。「阿嘎嘎薩！阿嘎嘎薩！」

凱文、妲雅、蘇蘇和阿海，現在全發抖得厲害。看見神靈，可不是開玩笑的！沒想到，他們真的在幫神明備餐。

「阿嘎嘎薩！啊！」阿海以為也要跟著喊，結果卻在翼人停下呼喊聲時「放槍」了，嚇得他連忙閉上嘴，臉皺成一團。

風的流動消失了，四周一片寂靜，連一絲蟲鳴鳥叫都聽不見，彷彿真空一般。

地之靈比一般的翼人高了一倍，全身發出瑩瑩綠光，皮膚是薄荷霜淇淋般的柔綠；祂的衣著和翼人十分相近，面容尊貴卻毫無表情。看不出祂是男是女，但，或許根本沒有這個分別吧？

四周的一切浸潤在一股神聖莊嚴裡，在場的每個人幾乎都忘了呼吸。

地之靈在桌前坐下，盯著眼前的聖餐，良久良久，一語不發。

「莫非……我們備的餐，祂無法接受嗎？」妲雅有些擔心。

妲雅同時感覺到加芽美的緊張，連一向趾高氣昂的女王，如今都僵硬得像石頭，還涔涔冒汗。

可是，奇怪的是，這個地之靈，卻沒有讓妲雅感到任何可怕。

經過了亙古的沉默，地之靈終於開口：「為什麼不是以前的食物？」

地之靈的聲音，讓妲雅想起峽谷的回音。

「天哪，地之靈、地之靈說話了！」

「這是第一次聽見地之靈說話啊！」伏手跪著的翼人族們紛紛震驚的抬起頭，驚愕的討論聲嗡嗡回響。

女王立刻上前，顫聲說：「請您息怒，請您息怒！我會立刻處罰這些褻瀆聖餐的人！」

「什——什麼？」阿海一聽，嚇得差點尿褲子。

「來人啊，把他們……」女王話才說到一半，卻被地之靈伸手打斷。窘迫的女王不知如何是好，只好又跪了回去。

地之靈拿起餐具，開始吃了起來，祂嘗了一口，點了點頭，接下來的光景，著實讓所有人吃驚。

地之靈狼吞虎嚥的，把桌上的食物吃得精光。

嚥下了口中最後一口食物，祂慢慢放下餐具，並且開了口。

「我吃飽了，而且很滿足。」地之靈說，「很久以來，沒有這麼好吃的一餐飯了。辛苦各位了，希望往後還能吃到這樣美味的料理。」

「沒問題，偉大的地之靈。」女王欣喜若狂的大聲插話。想必是地之靈的滿意，讓女王感到安心，膽子和嗓子同時大了起來。

「加芽美，這次就饒過你和這些外族人。以後的每一年，你都帶著這幾個外族奴隸來備餐。不可以讓地之靈失望，否則就給你們好看，知道嗎？」

「什麼？奴隸？」凱文他們聽了，頓時陷入驚恐，「那不就代表我們得永遠留在這裡了嗎？」

他們感到一股巨大的絕望，三個孩子抱在一起，啜泣起來。

「這一餐飯，為什麼特別好吃，你知道嗎？」此時，地之靈問了一個問題。

這個問題，不是對著別人，正是對著翼人女王說的。

「我、我嗎？」女王一臉錯愕。

地之靈眼神直直看著女王，女王過了一秒才驚嚇著意會過來，張開口，卻說不出話來。

「不、不知道。」女王低下頭去，聲音又縮得小小的。

「是誠意！」地之靈停頓了一會兒，接著又說：「在許久許久以前，人們會動手準備食物給我……而後來，年復一年，每年吃的東西，都是一樣的。」地之靈緩緩說著，臉上露出懷念又惆悵的神情。

「那、那是因為……」女王似乎想解釋什麼，卻說不下去。

「這一餐飯，讓我想起了美好的從前，好像回家一樣。回家。」地之靈的話，讓妲雅他們全都感到吃驚。妲雅的心中，感到暖暖的。

「從另一個世界來的孩子們。」地之靈的嗓音彷彿溫暖的遠古鐘聲，「為了回報你們這豐盛的一餐，我會把你們送回原來的世界。」

「什麼！真的嗎？」

他們萬萬沒想到，竟然會有這樣的轉折。事情發生得過於突然，比坐雲霄飛車還刺激，讓他們無法置信。四人高興得又再次相擁而泣。

「可是，可是！」女王聽了不禁失聲尖叫，發現自己失態之後又立刻低下頭，掩飾自己的臉紅，「可是他們是異族，而且擅

闖聖域，應當受罰……」

「我並不怪你們依賴土人偶煮東西給我吃，但，這次的魔力消失事件，是你引起的吧？」

「我、我……」女王似乎受到很大的驚嚇。

「你想讓國民的生活更便利，更輕鬆，所以想再升級魔法，結果……」地之靈瞬間飄近女王身邊：「結果出了差錯……對吧？你讓這幾個孩子煮飯給我吃，希望我恢復奧祕之雲的功能，不是嗎？然後現在又想繼續利用這幾個孩子？」

「地之靈請息怒！」女王慌亂的趴伏在地，臉都貼到了地上。

「……好啦，別緊張，我會修復奧祕之雲的，」地之靈說。

「感謝您的恩典！」女王顫聲道謝。

「先別高興得太早，你先學會動手生火煮飯燒菜，我才考慮。」地之靈說。

「什、什麼！可、可是……」

「怎麼？不願意嗎？」

「沒、沒有……」女王不敢再說話。

地之靈一邊說，一邊對妲雅、阿海、蘇蘇和凱文眨眼睛。

雖然看見女王狼狽不堪的模樣有點尷尬，但有地之靈這樣的神明當靠山，他們一點也不害怕了。

原來，地之靈什麼都看在眼裡，什麼都知道。

「謝、謝謝您！地之靈！」

「哈哈哈！」地之靈的笑聲，像是颯爽的秋風，又像是溫暖的春風，迴盪在整個天地之間。

說再見的時候到了。

加芽美和他們依依不捨的道別。相處了好一段時間，他們有了深厚的感情。

「加芽美，我想把這個送給你。」蘇蘇走上前，把自己的植物圖鑑送到加芽美眼前。

「這、這太貴重了……」加芽美慌亂的連忙搖手。

「沒關係的。」蘇蘇堅持，「而且，裡面還有妲雅寫的烹飪筆記。」

「只是一些心得和想法，希望對你們有幫助。」妲雅說。

「這一段時間以來，謝謝你！加芽美！」凱文誠摯的說。

「加、加芽美，這個送你。」阿海把一個東西掛上了加芽美的脖子，「這是我從小到大戴的護身符，會保佑你平安。」

「汪！汪！」諾諾也對著加芽美叫了兩聲。每個人都聽得出來，諾諾正溫柔的說再見。

嗚嗚……加芽美想說謝謝，卻哭了起來。

「準備好了嗎？」地之靈微笑問著。

「嗯！」想到就要回家，每個人心裡都非常雀躍，卻也有好多、好多的捨不得。

他們究竟在荒島上過了多久呢？沒人記得清楚。

他們想說「再見」，卻知道再也不會再見了。

地之靈用他們聽不懂的語言，輕輕吟唱起歌謠。

一陣旋風將他們溫柔的包圍著，舒服得讓他們不由自主瞇起眼睛……

彷彿恍神一般，當他們回過神來，發現自己端坐在遊艇先前坐的位置上。

諾諾坐在船頭，正吐著舌頭，舒服的吹著風。

船正常的行駛著，而且……他們的裝備、衣物，全部都在。

之前發生的事情，真的發生過嗎？每個人都恍恍惚惚，一時之間，搞不清楚是不是自己做的白日夢。

妲雅下意識翻開筆記本，裡面寫滿了小島上記錄的筆記，但缺了幾頁——給加芽美的那幾頁。

蘇蘇發現植物圖鑑，不在包包裡。

阿海一摸胸前，護身符不在了。

「這……不是夢！」三個孩子異口同聲叫了出來。

「你們說的是翼人族荒島的事嗎？」凱文有點遲疑的問。

「對呀！」

「我剛剛也在懷疑，沒想到是真的，哈哈哈！」凱文開心得大笑起來。

「不知道加芽美他們煮飯順不順利？」蘇蘇問。

「一定沒問題的。」凱文說。

「女王可能比較需要擔心。」妲雅說完，所有人都笑了。

「看，小島。露營地到了！」阿海大喊。

的確，前方已經可以看見主辦單位的船，還有許多人影。

「嘿嘿嘿！」阿海賊笑。

「你笑什麼！」妲雅問。

「我們應該會得野炊冠軍吧！」

「如果不同組呢？」妲雅問。

「啊！」阿海停頓了，「那廚神妲雅就變成大魔王了。」

「大魔王個頭啦！」妲雅笑罵著。

妲雅感到吃驚，雖然迫不及待想回家和媽媽爸爸團聚，但有哥哥在，有蘇蘇在、有阿海在，有諾諾在，他們就好像自己的家人，這裡，就好像另一個家。她的心裡，沒有絲毫的不安。

她期待著在露營活動裡大顯身手。

她想要讓每個人吃到自己手做的料理時，都能感受到滿滿的幸福。

「我們的記憶沒有消失」，蘇蘇說，「是地之靈刻意保留的嗎？」

「如果在荒島的記憶消失了，一定很可惜。」

「如果可以選擇，你們還會想再去翼人族的世界嗎？」阿海問了一個問題，卻沒有人回答。

他們想念荒島上的一切，想念加芽美，想念地之靈，也想念他們吃過的每一餐。

他們突然覺得很可惜，太急著回家，沒有利用機會到翼人的國度去看一看。

再來一次，才不要！

還是……
再來一次，也很有趣？
這個問題，大概永遠沒有答案。

全文完

竹子、竹筍
雞肉絲菇
各種水果
找到各種野菜
第1個據點
過貓
小島地圖
ISLAND MAP

找到油！
胡椒
甘蔗
第2個據點
（躲暴風雨！）
白榕樹
抓到母雞！
各種海鮮
野薑花

CHEF! 妲雅的荒島食驗筆記

飛機菜

我越來越搞不懂蔬菜的命名邏輯了，不僅有動物，現在竟然出現了物品，物品，物品耶！飛機吃起來到底是什麼味道呢？

正當我看著手上飛機菜發呆時，行走植物小百科蘇蘇立刻接著說（天啊，難道我和蘇蘇這麼快就發展出心電感應般的「閨蜜頻率」了嗎？），相傳是日據時代，政府為了解決戰爭導致糧食匱乏的困境，派飛機在天空中撒下大把的種子，因而得名。蘇蘇說，當時天皇年號為昭和，也被稱為「昭和草」。

煮飯

我永遠記得，加芽美帶米來的那一天，每個人看到一粒粒白米的表情，真的太精采了，噗。

我承認以前不愛米飯，是個錯誤。要是被加芽美那傢伙知道第一主廚我竟不會煮飯，肯定會被瞧扁吧。

蘇蘇說，第一步要先把殘留在白米上的雜質沖洗掉，接著快速攪動白米，讓它們相互研磨後，再用水沖乾淨，直到水變清澈為止。

只是，光知道怎麼洗米還不夠，如何不用電鍋也能煮出不燒焦的飯，才是最難的。我以後再也不敢小看電鍋了。（連蘇蘇都敗在這關，讓人有一點點開心。）

胡椒

蘇蘇和我越來越有默契了，我許願希望有胡椒粉，她就能幫忙找到胡椒。

看了書才知道，胡椒的果實原本是綠色的，成熟後會慢慢變成紅黑色，乾燥後就會變成黑胡椒。而白胡椒則是要先泡過水，把外皮泡軟，取出內部種子再烘乾。

不過，我們這群大概一百年沒吃到肉的人，怎麼可能有耐性等到白胡椒做好呢？（光是想像，我就能聽到阿海在耳邊哀號的聲音了）

糖葫蘆與拔絲地瓜

我竟然做出高級甜點等級的糖！還好糖跟鹽像是表姐妹一樣，製作的方法還算接近，之前煮鹽的經驗派上用場了。當然啦，本大廚是不會這樣就滿足的。糖真有趣，加熱了會融化，降溫了就凝結。利用這個特性，我做出了糖葫蘆和拔絲地瓜。根本超好吃的好嗎？雖然夜市裡就有賣，但本大廚做的，等級當然完勝，看大家吃的反應就知道了。回去一定要讓媽媽大吃一驚！

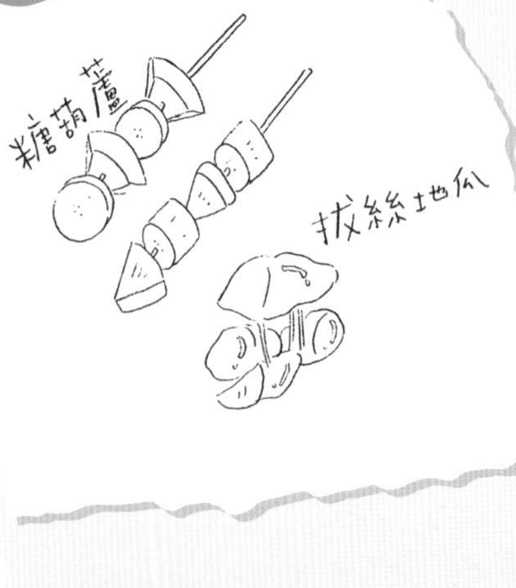

故事 ++
荒島食驗家 3：檸檬牡蠣炊飯

文　王宇清
圖　rabbit44

社　　長　陳蕙慧
副總編輯　陳怡璇
特約主編　鄭倖伃、胡儀芬
責任編輯　鄭倖伃
美術設計　貓起來工作室
行銷企劃　陳雅雯、尹子麟、余一霞

出　　版　木馬文化事業股份有限公司
發　　行　遠足文化事業股份有限公司（讀書共和國出版集團）
地　　址　231 新北市新店區民權路 108-4 號 8 樓
電　　話　02-2218-1417
傳　　真　02-8667-1065
Email　service@bookrep.com.tw
郵撥帳號　19588272 木馬文化事業股份有限公司
客服專線　0800-2210-29

印　　刷　凱林彩色印刷股份有限公司
2022（民 111）年 4 月初版 1 刷
2024（民 113）年 1 月初版 6 刷
定　　價　350 元
ISBN　978-626-314-158-2
978-626-314-163-6 (PDF)
978-626-314-162-9 (EPUB)

國家圖書館出版品預行編目 (CIP) 資料

荒島食驗家 . 3, 檸檬牡蠣炊飯 / 王宇清文 ; rabbit44 圖 . -- 初版 . --
新北市：木馬文化事業股份有限公司出版：遠足文化事業股份有限公司發行 , 民 111.04
208 面 ; 17x21 公分 . -- (故事 ++ ; 3)
注音版
ISBN 978-626-314-158-2(平裝)
1. 科學實驗 2. 通俗作品
303.4　　111004504